小窗幽记

XIAOCHUANG YOUJI

〔明〕陈继儒 ◎ 著

光明日报出版社

图书在版编目（CIP）数据

小窗幽记 /（明）陈继儒著 . -- 北京 : 光明日报出版社 , 2014.6（2024.3 重印）

（光明岛）

ISBN 978-7-5112-6308-7

Ⅰ . ①小… Ⅱ . ①陈… Ⅲ . ①人生哲学—中国—明代 Ⅳ . ① B825

中国版本图书馆 CIP 数据核字（2014）第 069557 号

小窗幽记

XIAOCHUANG YOUJI

著　　者:〔明〕陈继儒

责任编辑：李　倩　　　责任校对：王腾达

封面设计：博文斯创　　责任印制：曹　净

出版发行：光明日报出版社

地　　址：北京市西城区永安路 106 号，100050

电　　话：010-67022197（咨询），67078870（发行），67019571（邮购）

传　　真：010-67078227，67078255

网　　址：http://book.gmw.cn

E - mail ：lijuan@gmw.cn

法律顾问：北京德恒律师事务所龚柳方律师

印　　刷：北京一鑫印务有限责任公司

装　　订：北京一鑫印务有限责任公司

本书如有破损、缺页、装订错误，请与本社联系调换，电话：010-67019571

开　　本：150mm × 220mm　　印　　张：12

字　　数：150 千字

版　　次：2014 年 6 月第 1 版

印　　次：2024 年 3 月第 4 次印刷

书　　号：ISBN 978-7-5112-6308-7

定　　价：29.80 元

目　录

卷一　醒

食中山之酒[①]，一醉千日。今之昏昏逐逐，无一日不醉。趋名者醉于朝，趋利者醉于野，豪者醉于声色车马。安得一服清凉散[②]，人人解醒？集醒第一。

【注释】

① 中山之酒：相传产于中山（今河北定县一带）的一种名酒。晋干宝《搜神记》卷十九曰："狄希，中山人也，能造千日酒，饮之千日醉。"

② 清凉散：中药名，能散热致凉，服用后人身心清凉。

【译文】

饮用产自中山的名酒，可以使人一醉就是一千日。如今的世人糊糊涂涂，追逐名利，可以说没有一日不处在醉乡之中。追求名声者在朝廷官府之上大醉，追逐利益者在市井世俗大醉，豪门贵胄则沉醉于声色车马。如何才能得到一服清凉散，让大家都获得清醒呢？于是，编纂了"醒"这一卷放置在书首。

倚高才而玩世，背后须防射影之虫[①]；饰厚貌以欺人，面前恐有照胆之镜[②]。

【注释】

① 射影之虫：相传一种叫作蜮的动物，又叫射工、影射，能在水中喷射毒气，含沙射人。

② 照胆之镜：《西京杂记》载：汉高祖入咸阳宫，见方镜广四尺，能照见人的五脏六腑，知病患所在位置，人有邪心，则胆张心动。

【译文】

凭借才学出众而玩世不恭、游戏人间，要提防含沙射影的小人从背后阴谋中伤；装出一副憨厚老实的样子蒙骗他人、欺世盗名，恐怕要有照见人本来面目的镜子当面揭穿。

怪小人之颠倒豪杰，不知惯颠倒方为小人；惜吾辈之受世折磨，不知惟折磨乃见吾辈。

【译文】

有的人指责那些小人颠倒黑白陷害忠良，却不知道惯于做这些事才是小人的本色；有的人怜惜我辈深受世间的折磨，却不知道只有经历了折磨才能体现出我辈的英雄本色。

花繁柳密处拨得开，才是手段；风狂雨急时立得定，方见脚跟。

【译文】

在花繁盛柳叶茂密这种复杂的环境中能拨开雾气，找到出路，才算得上手段不凡；在狂风暴雨、危机动荡的严峻形势下能够站稳脚跟，才显示出立场坚定。

淡泊之守，须从秾艳场中试来；镇定之操，还向纷纭境上勘过。

【译文】

要看一个人是否有淡泊宁静的操守，必须在富贵声色、充满诱惑的场合去探试他；看一个人是否有镇定自若、宠辱不惊的志节，还要在纷纷扰扰的复杂环境中考验他。

市恩不如报德之为厚，要誉不如逃名之为适，矫情不如直节之为真。

【译文】

以小恩小惠来讨好别人，不如报答他人的恩德来得厚道；哗众取宠，沽名钓誉，不如逃避虚名来得闲适；故作矫情，掩饰面貌，不如为人正直坦率来得真诚。

使人有面前之誉，不若使人无背后之毁；使人有乍交之欢，不若使人无久处之厌。

【译文】

希望别人当面夸赞自己，不如让别人不要在背后诋毁自己；使新朋友在初次交往时感到片刻欢乐，不如使老朋友与自己长久相处而没有厌烦的情绪。

攻人之恶毋太严，要思其堪受；教人以善毋过高，当原其可从。

【译文】

批评他人错误的地方时，不要过于严厉，要考虑到他是否能够忍受；教导他人做好事，要求不要过高，要考虑到他能否认可并做到。

不近人情，举世皆畏途；不察物情，一生俱梦境。

【译文】

如果做人不近人情，那么就会觉得天下都是恐怖的险途；如果不洞察世间世事人情，那么一生就像在梦中一样，难以有所成就。

遇沉沉不语之士，切莫输心；见悻悻自好之徒，应须防口。

【译文】

遇到沉默寡言、城府很深的人，千万不要轻易吐露心迹；见到容易恼怒而又十分自恋的人，应该提防自己信口开河。

结缨整冠[①]之态，勿以施之焦头烂额之时；绳趋尺步[②]之规，勿以用之救死扶危之日。

【注释】

① 结缨整冠：系好冠带，端正帽子，从容的样子。

② 绳趋尺步：走路有规有矩，讲究法度。《宋史·朱熹传》："方是时，士之绳趋尺步。"

【译文】

从容地系好冠带，端正帽子，这样的行为不能用在时局窘迫、环境恶劣的危急时刻；走路有规有矩，讲究法度，这样的举动不能用在救死扶伤、力挽危局的时候。

议事者身在事外，宜悉利害之情；任事者身居事中，当忘利害之虑。

【译文】

不直接参与事情而议论事情的人，应当详细明察其中的利害得失；办理事情的人，身在事中，不能过分顾虑自己的利害。

伏久者，飞必高；开先者，谢独早。

【译文】

栖息在树上不动的鸟，一旦飞翔，一定飞得很高；最先盛开的鲜花，一定凋谢得最早。

贪得者身富而心贫，知足者身贫而心富，居高者形逸而神劳，处下者形劳而神逸。

【译文】

贪心不知足的人，生活虽然富有而精神却十分空虚；易于满足的人，生活虽然贫穷而精神生活十分充实。身居高位的人，身体很安逸，精神负担却重；身处下层的人，从事辛苦的体力劳动而精神却是安逸的。

局量宽大，即住三家村里，光景不拘；智识卑微，纵居五都市中，神情亦促。

【译文】

心宽量大的人，即使居住在不为人知的偏僻小乡村中，视野见识也不会受到局限；缺乏知识、眼界卑微的人，就算居住在繁华的大都市中，精神面貌也显得窘迫。

惜寸阴者，乃有凌轹千古之志；怜微才者，乃有驰驱豪杰之心。

【译文】

珍惜时间的人，才有超迈千古、气吞山河的壮志；爱惜出身卑微的能力较低人才的人，才有带领天下豪杰成就伟业的抱负。

天欲祸人，必先以微福骄之，要看他会受；天欲福人，必先以微祸儆之，要看他会救。

【译文】

上天要将灾祸降到人身上，必然先用一点点的福分使得他骄傲起来，所以能不能避开灾祸，就要看他会不会享受这一点点福分；上天要把福分赐予这个人，必然先用一点点的灾祸来考验他，所以能不能享福，就要看他能不能想办法化除灾祸。

书画受俗子品题，三生[①]大劫；鼎彝与市人赏鉴，千古异冤。

【注释】

① 三生：佛教语，谓前生、今生、来生。

【译文】

名家书画如果让不在行的人加以品评题跋，定其高下，就如同遭受三生的劫难；鼎彝文物如果让不在行的人品赏鉴别，就仿佛蒙受了千古奇冤。

大事难事看担当，逆境顺境看襟度，临喜临怒看涵养，群行群止看识见。

【译文】

遇到大事和难事的时候，可以看出一个人是否敢于担当重任；遇到逆境和顺境的时候，可以判定一个人的襟怀和气度；从喜怒的反应上，可以看出一个人的身心修养；与大家一起行动的时候，可以看出一个人出类拔萃的识见。

安详是处事第一法，谦退是保身第一法，涵容是处人第一法，洒脱是养心第一法。

【译文】

安静祥和是处理事情的最好方法，谦虚退让是保全自己的最好方法，海涵宽容是与人相处的最好方法，潇洒超脱是怡养心性的最好方法。

处事最当熟思缓处。熟思则得其情，缓处则得其当。

【译文】

处理事情最重要的是做到深思熟虑，从容处置。深思熟虑就能了解到真实情况，从容处置就能做到举措稳妥。

必能忍人不能忍之触忤，斯能为人不能为之事功。

【译文】

为人处世，要能容忍一般人所不能容忍的冒犯和挫折，才能够成就一般人所不能成就的功业。

侠之一字，昔以之加义气，今以之加挥霍，只在气魄气骨之分。

【译文】

说起“侠”这个字，过去往往和义气联系起来，如今却往往和挥霍联系起来，其关键就在于气魄和气骨的分别。

不耕而食，不织而衣，摇唇鼓舌，妄生是非，故知无事人好生事。

【译文】

不从事耕作而有米饭吃，不从事纺织而有衣服穿，整日高谈阔论，无端惹是生非，由此可知无所事事的人更喜欢制造麻烦和争端。

才人经世，能人取世，晓人逢世，名人垂世，高人玩世，达人出世。

【译文】

才华横溢的人能治理国事，精明能干的人能建功立业，明达事理的人能顺应世界发展的规律，声名显赫的人能百代流芳，超脱世俗的人能游乐于人间，通达天命的人能超脱人世。

宁为随世之庸愚，勿为欺世之豪杰。

【译文】

宁可做一个无原则、无立场，与世相浮沉的平庸愚笨之辈，也不要做一个欺骗世人，窃取名誉的英雄豪杰。

景不和，无以破昏蒙之气；地不和，无以壮光华之色。

【译文】

景色不和谐，就不能打破晦暗不明之气；地表不和谐，就不能增添光彩明丽之色。

一念之善，吉神随之；一念之恶，厉鬼随之。知此可以役使鬼神。

【译文】

心中有为善的念头，吉祥之神就会跟随而来降福佑助；心中有作恶的念头，恶鬼就会跟随而来为祸作灾。明白掌握这个道理，就可以役使鬼神了。

出一个丧元气[①]进士，不若出一个积阴德平民。

【注释】

① 元气：中国古代哲学认为元气乃人的生命力的本原，即人的精神，精气。

【译文】

与其培养一个没有道德精神(失去本善之性)的进士,还不如培养一个善积阴德(暗中救济他人)的平民。

忧疑杯底弓蛇[①],双眉且展;得失梦中蕉鹿[②],两脚空忙。

【注释】

① 弓蛇:"杯弓蛇影"的简称,典出应劭《风俗通义·怪神》:县令应彬请主簿杜宣饮酒,壁上所悬弓照于杯中影如蛇,杜宣心疑生病,多方诊治而不愈。县令得知,乃再邀其饮于旧地,晓以原委,其病即愈。

② 蕉鹿:此典出自《列子·周穆王》:"郑人有薪于野者,遇骇鹿,御而击之,毙之。恐人见之也,遽而藏诸隍中,覆之以蕉,不胜其喜。俄而遗其所藏之处,遂以为梦焉。"

【译文】

就像把杯底的弓影认为是蛇那样忧虑疑惑而导致生病,不如舒展双眉,放松心情;就像梦中用蕉叶覆盖的鹿那样得失无常,就会为获鹿、找鹿而两脚空忙了一阵。

名茶美酒,自有真味,好事者,投香物佐之,反以为佳。此与高人韵士,误堕尘网中何异?

【译文】

名茶和美酒,本身就具有天然真味,画蛇添足的人在其中放入香料以增益其味道,认为会更香,其实破坏了原味。这和那些高洁风雅的人误入尘世之中又有什么两样?

花棚石磴,小坐微醺,歌欲独,尤欲细,茗欲频,尤欲苦。

【译文】

在花棚之下的石磴上打坐，微感陶醉。这时适合独自用细腻的声音歌唱；也适合频繁地饮微苦的茶水。

善嘿即是能语，用晦即是处明，混俗即是藏身，安心即是适境。

【译文】

遇事善于沉默就是能言善辩，韬光养晦就是保身之法，混同世俗就是藏身之所，安定心神就是适应环境。

古之人，如陈玉石于市肆，瑕瑜不掩；今之人，如货古玩于时贾，真伪难知。

【译文】

古代的人，就如同玉石陈列在市井店铺之中，瑕疵和美德丝毫不加掩盖；而今天的人，就如同向商人购买古玩一样，难以辨别真品和赝品。

士大夫损德处，多由立名心太急。

【译文】

士大夫道德缺失的地方，大多是急于树立名声的缘故。

多躁者，必无沉潜之识；多畏者，必无卓越之见；多欲者，必无慷慨之节；多言者，必无笃实之心；多勇者，必无文学之雅。

【译文】

性情浮躁的人，一定对事物没有深刻沉稳的识见；顾虑重重的人，一定对事物没有卓越的见解；欲望太多的人，一定没有激昂慷慨的气节；言语过多的人，一定没有扎实勤奋的作风；勇力过剩的人，一定没有文学修养。

“拙”之一字，免了无千罪过；“闲”之一字，讨了无万便宜。

【译文】

为人处世能够达到“拙”字所揭示的境界，就免去了无数罪过；为人处世能够达到一个“闲”字所揭示的境界，便讨得了无数便宜。

斑竹[①]半帘，惟我道心清似水；黄粱一梦[②]，任他世事冷如冰。欲住世出世，须知机息机。

【注释】

① 斑竹：也称湘妃竹，传说舜帝南巡不返，葬于苍梧，他的妃子娥皇、女英过度思念，泪水沾湿了竹叶，竹叶上于是有斑斑点点的痕迹。

② 黄粱一梦：据《枕中记》记载：卢生在邯郸客店遇到道士吕翁。卢生悲叹自己穷困，吕翁就给他一个枕头。卢生枕着枕头做了一个梦，梦中享尽富贵荣华，醒来的时候，客店的黄粱米饭尚未煮熟。后喻富贵荣华皆为虚幻。

【译文】

卷起门帘，看到苍翠的斑竹，只有我的悟道之心清静似水；黄粱一梦，富贵荣华如同过眼烟云，皆是虚幻，任他世事炎凉如冰。想要生活在尘世而常怀出世之心，就必须知晓机巧而又消除机巧之心。

书画为柔翰[①]，故开卷张册贵于从容；文酒为欢场，故对酒论文忌于寂寞。

【注释】

① 柔翰：指毛笔。左思《咏史》诗曰：“弱冠弄柔翰，卓荦观群书。”

【译文】

用毛笔进行书法绘画，是风雅之事，所以展开卷轴、打开册页欣赏时要做到从从容容；饮酒赋诗是一种欢乐的场面，因此对酒论文切忌孤寂一人。

堤防不筑，尚难支移壑之虞；操存不严，岂能塞横流之性？

【译文】

一条河如果不修筑堤防，就难以应付河流改道的隐患；一个人的节操把持不严，怎么能堵塞私欲横流的本性？

发端无绪，归结还自支离；入门一差，进步终成恍惚。

【译文】

事情开始的时候如果没有头绪，最后的结局就是支离破碎；入门一旦有差错，再向前走最终也是糊糊涂涂的。

打诨随时之妙法，休嫌终日昏昏；精明当事之祸机，却恨一生了了。藏不得是拙，露不得是丑。

【译文】

玩世不恭是顺应时世的好方法，不要嫌终日浑浑噩噩；精明能干是为人处世的祸根，到头来却悔恨自己一生毫无所成。拙是想隐藏都隐藏不了的，丑是想显露都显露不了的。

形同隽石，致胜冷云，决非凡士；语学娇莺，态摹媚柳，定是弄臣。

【译文】

如果一个人的形体如同山上的美石，意态则胜过冬天的云彩，那么他绝不是平庸之人；如果一个人说起话来像莺儿一样娇气，举止像柳枝一样柔媚，这样的人必定是玩弄权势的小人。

人不得道，生死老病四字关，谁能透过？独美人名将老病之状，尤为可怜。

【译文】

人如果没有悟道，那么生老病死这四个关口，谁能参透呢？只有美人、名将这两种人年老生病的情状，最为可怜。

日月如惊丸，可谓浮生矣，惟静卧是小延年；人事如飞尘，可谓劳攘矣，惟静坐是小自在。

【译文】

日月光阴犹如跳奔的弹子，可以说是半日浮生，只有静卧休养才算得上是延年益寿的方法；繁事杂务如同飞扬的尘土一样，可以说是劳累扰攘，只有静坐养神才算得上是自由自在的方法。

平生不作皱眉事，天下应无切齿人。

【译文】

平时只要不做让人皱眉不悦的事，那么天下没有对自己切齿痛恨的人。

暗室之一灯，苦海[①]之三老[②]，截疑网之宝剑，抉盲眼之金针。

【注释】

① 苦海：佛教指尘世间的烦恼和苦难。

② 三老：《左传》昭公三年载："三老，谓上寿、中寿、下寿，皆八十已上。"

【译文】

暗室里的一盏明灯，就像带领人们脱离苦海的得道三老，截断疑惑之网的宝剑，就像炙治盲人眼睛的金针。

事理因人言而悟者，有悟还有迷，总不如自悟之了了；意兴从外境而得者，有得还有失，总不如自得之休休。

【译文】

只能通过别人的言语领悟事物道理，这样的人有时能领悟，有时也糊涂，总不如自我觉悟来得透彻明白；只能通过外界得到意趣兴致，这样的人有时会得到，有时会失去，总不如自我体味来得安闲自在。

白日欺人，难逃清夜之愧赧；红颜失志，空遗皓首之悲伤。

【译文】

在白天的时候欺骗别人，难以逃脱夜深人静之时惭愧内疚而脸红；年轻力壮就失去志向，等到老年的时候就会后悔悲伤。

定云止水中，有鸢飞鱼跃的景象；风狂雨骤处，有波恬浪静的风光。

【译文】

静止的云中，平静的水里，仍然会有苍鹰高飞、鱼儿跳跃的景象；暴风骤雨的地方，仍然会有风平浪静、波澜不惊的风光。

平地坦途，车岂无蹶；巨浪洪涛，舟亦可渡。料无事必有事，恐有事必无事。

【译文】

在平坦的道路上，车子难道就不会倾覆吗？在洪涛巨浪的江面上，小船也可以渡过去。由此可知，本来估计平安无事的反而会因掉以轻心而必然出事，本来担心出事反而会因警惕防备而平安无事。

富贵之家，常有穷亲戚来往，便是忠厚。

【译文】

富贵人家，如果经常与贫穷的亲戚交往，就可以说是忠厚之家。

朝市山林俱有事，今人忙处古人闲。

【译文】

官场、市场以及山林之间都有各种各样的事情要忙碌，今天我们奔忙劳碌的地方正是古人安闲的所在。

人生有书可读，有暇得读，有资能读，又涵养之如不识字人，是谓善读书者。享世间清福，未有过于此也。

【译文】

人生在世，身边有书就读，有闲暇的时间就读书，有钱财可供读书更认真读书，而且通过读书涵养自己，却又像不识字的人，这样的人才可以算是善于读书的人。要说享受人间的清闲之福，恐怕没有谁能胜过这样的人。

驷马难追，吾欲三缄其口①；隙驹易过②，人当寸惜乎阴。

【注释】

① 三缄其口：刘向《说苑·敬慎》曰："孔子之周，观于太庙，右陛之前有金人焉，三缄其口而铭其背曰：'古之慎言人也，戒之哉！戒之哉！无多言，多言多败。'"

② 隙驹易过：《庄子·知北游》曰："人生天地之间，若白驹之过隙，忽然而已。"

【译文】

一言既出，驷马难追，因此说话时要慎之又慎，不可随便开口；白驹过隙，光阴如箭，所以应当珍惜每一寸光阴。

万分廉洁，止是小善；一点贪污，便为大恶。

【译文】

做官的人作风十分廉洁，也只是小小的善行；但只要有一点贪污的行为，便成了天大的罪恶。

炫奇之疾，医以平易；英发之疾，医以深沉；阔大之疾，医以充实。

【译文】

针对标新立异、自夸自恋的毛病，要用平易和缓的方法来医；针对英气焕发、锋芒毕露的毛病，要用深沉稳重的方法来医治；针对好大喜功、浮夸不实的毛病，要用充足踏实的方法来医治。

才舒放即当收敛，才言语便思简默。

【译文】

一举一动稍微有点舒缓放开、无拘无束的时候，就应当提醒自己收敛约束身心；刚刚开始说话的时候，就要想到应该简要沉默。

贫不足羞，可羞是贫而无志；贱不作恶，可恶是贱而无能；老不足叹，可叹是老而虚生；死不足悲，可悲是死而无补。

【译文】

贫穷并没有什么可耻的，应该感到可耻的是贫穷而没有志气；卑贱也并非那么可恶，可恶的是地位卑贱而没有能力；衰老也没有什么可以悲叹的，应该悲叹的是年老虚度待死；死亡也没有什么可以悲伤的，应该悲伤的在世期间却对社会毫无益处。

身要严重，意要闲定，色要温雅，气要和平，语要简徐，心要光明，量要阔大，志要果毅，机要缜密，事要妥当。

【译文】

身体要做到严肃庄重，精神要做到安闲镇定，神态要做到温文尔雅，意气要做到心平气和，言语要做到简明舒缓，心地要做到光明磊落，度量要做到开阔宏大，意志要做到果断刚毅，谋划要做到谨慎周密，处事要做到妥善得当。

富贵家宜学宽，聪明人宜学厚。

【译文】

富贵人家应当学习的是宽容，聪明之人应当学习的是厚道。

节义傲青云，文章高白雪。若不以德性陶熔之，终为血气之私，技能之末。

【译文】

节义高得可以傲视青天白云，文章美得胜过阳春白雪，节义和文章这两样东西如果不以德行加以陶冶修养，那么节义终究会成为逞一时血气之勇的私心，文章也终究会成为末流的技能。

我有功于人，不可念，而过则不可不念；人有恩于我，不可忘，而怨则不可不忘。

【译文】

自己对别人有功劳，不能以功自居，时时念起，而如果对别人有过错，则一刻也不能忘记；别人对自己有恩惠，一刻也不能忘记，而对别人有怨恨，则要学会忘记。

径路窄处，留一步与人行；滋味浓时，减三分让人嗜。此是涉世一极安乐法。

【译文】

走在狭窄的道路上，要留出一点空间给别人行走；品尝美味的东西时，要分出一些和别人一起享受。这是为人处世的一种最好的安乐之法。

己情不可纵，当用逆之法制之，其道在一忍字；人情不可拂，当用顺之法制之，其道在一恕字。

【译文】

不可放纵自己的情感私欲，应当用相反的方法加以抑制，其办法就体现在一个“忍”字；不可违背别人的情感私欲，应当用顺势引导的方法加以端正，其办法就体现在一个“恕”字。

昨日之非不可留，留之则根烬复萌，而尘情终累乎理趣；今日之是不可执，执之则渣滓未化，而理趣反转为欲根。

【译文】

过去的过错不可不改正，一旦不改正就会像树根燃烧之后重新发芽一样死灰复燃，从而使尘俗之情终究拖累和妨碍义理和情趣；今天的正确也不可固执坚持，一旦固执坚持就会像渣滓没有消解一样，从而使义理情趣转化为私欲的根源。

文章不疗山水癖，身心每被野云羁。

【译文】

美妙的文章也无法让游赏山水的癖好有所减弱，郊野的云彩常常牵动着喜欢玩乐的身心。

卷二　情

语云：当为情死，不当为情怨。明乎情者，原可死而不可怨者也。虽然，既云情矣，此身已为情有，又何忍死耶？然不死终不透彻耳。韩翃之柳①，崔护之花②，汉宫之流叶③，蜀女之飘梧④，令后世有情之人咨嗟想慕，托之语言，寄之歌咏，而奴无昆仑⑤，客无黄衫⑥，知己无押衙⑦，同志无虞候⑧，则虽盟在海棠⑨，终是陌路萧郎⑩耳。集情第二。

【注释】

①韩翃之柳：典出唐许尧佐《柳氏传》：韩翃，一作韩翊，字君平，南阳人，唐代诗人，大历十才子之一，做官做到中书舍人。韩翃家里贫穷，邻居李生将美人柳氏赠送给他，两人很恩爱。后来天下大乱，两人离散，韩翃做了藩镇幕僚，柳氏则出家当尼姑，韩翃寄给柳氏一首词："章台柳，章台柳，昔日青青今在否？纵使长条似旧垂，亦应攀折他人手。"柳氏也回了一首词："杨柳枝，芳菲节，所恨年年赠离别。一叶随风忽报秋，纵使君来岂堪折！"后来，番将沙咤利劫走柳氏，因为虞候许俊的计谋才得以夺回来，最后两人团聚。

②崔护之花：典出唐孟棨《本事诗·情感》：崔护，字殷功，博陵人，贞元进士，做官做到岭南节度使。有一年清明节崔护在城南游玩，喜欢上了一个女子。第二年清明再来的时候，门墙和桃花像去年一样，而女子不在，他于是在门上面题了一首诗："去年今日此门中，人面桃花相映红。人面只今何处去，桃花依旧笑春风。"

③汉宫之流叶：典出唐范摅《云溪友议》：唐宣宗时，卢渥到京师考试，在流经宫苑的河道边拾到一片红叶，上面有一首诗："流水何太急，深宫尽日闲；殷勤谢红叶，好去到人间。"后来宣宗放出部分宫女，嫁给文武

百官,卢渥也得到一个宫女,恰好是在红叶上题诗的那个人。

④ 蜀女之飘梧:典出《玉溪编事》(《太平广记》引):后蜀尚书侯继图,是一名儒士,有一天秋风吹起,他刚好倚靠着大慈寺楼,看见有一片大桐叶飘坠下来,上面有一首诗:“拭翠敛双蛾,为郁心中事。搦管下庭除,书就相思字。此字不书古,此字不书纸。书向秋叶上,愿随秋风起。天下有心人,尽解相思死。天下负心人,不识相思意。有心与负心,不知落何地。”侯继图于是把它珍藏起来,五六年后,他和任氏结婚,才知道任氏就是写这首诗的人。

⑤ 奴无昆仑:典出唐裴铏《传奇·昆仑奴》:唐大历年间,有一个叫崔生的人,有一天奉父命去看望一名功臣的病情,功臣让一名穿着红色薄绸的妓女给他喂食,崔生辞退时是这名妓女送他走的。崔生回家后,整日思念这名妓女,于是告诉昆仑奴(入唐卖身豪门的东南亚昆仑族人)磨勒。后来磨勒在夜里背着崔生进入功臣的府邸与那妓女见面,又帮崔生把那妓女从功臣的府邸背出来。

⑥ 客无黄衫:典出唐蒋防《霍小玉传》:才女霍小玉和陇西才子李益曾经有过盟约,后来李益背约,小玉于是忧愤生病。侠义之士黄衫客把李益押至小玉的家中,小玉悲伤过度而死。

⑦ 知己无押衙:典出唐薛调《无双传》:尚书刘震的女儿刘无双和王仙客相恋,后来泾原这个地方发生兵变,刘震夫妇被杀害,刘无双被收入宫中做奴婢。王仙客向一个姓古的押衙(掌领仪仗侍卫的武官)求助,古生用茅山仙术救出刘无双,最后他们两个得以团圆。

⑧ 同志无虞候:指虞候许俊,见前面的注释。

⑨ 盟在海棠:唐玄宗和杨贵妃在七夕这一天盟誓:“愿生生世世,共为夫妇,永不相离。在天愿作比翼鸟,在地愿为连理枝……”唐玄宗把贵妃比作“娇滴滴海棠花”,所以有连理海棠的说法。盟在海棠,说明相爱之深。

⑩ 陌路萧郎:典出唐范摅《云溪友议》:崔郊在汉上居住,与姑妈的女婢私通。姑妈家贫,把女婢卖给于连帅,崔郊十分思念女婢。后来两人相见,在马上互相对哭,发下了感动山河的盟誓。崔郊作了《赠去婢》

一诗，其中有“侯门一入深似海，从此萧郎是路人”这句。于连帅知道这件事后，把女婢归还给崔郊。萧郎，古典文学中女子用来称呼她喜爱的男子。

【译文】

俗话说：应当为了爱情而殉死，不应当因为爱情而产生怨恨。真正明白爱情的人，原本是可以为了爱情而殉死，而不可以因为爱情而产生怨恨的。虽然这样，但既然说到爱情，那么身体就已经属于爱情所有，又怎么忍心去死呢？然而，没有用死来证明，终究无法体现爱情的深刻和彻底。文学作品中的许多爱情故事，像韩翃之柳，崔护之花，汉宫之流叶，蜀女之飘梧，都让后世有情之人赞叹倾慕不已，这种赞叹倾慕的感情有时用言语加以表达，有时用诗词歌咏加以抒发。然而，既没有忠心为主人着想的昆仑奴，也没有行侠仗义的黄衫客，没有像古生那样懂得茅山仙术的知己，也没有虞候许俊那样可求助的人，那么即使对着海棠花发下山盟海誓，情深意重，终究是避不开分离的命运，成为陌路的萧郎。于是，编纂了第二卷，命名为“情”。

家胜阳台①，为欢非梦；人惭萧史②，相偶成仙。轻扇初开，忻看笑靥；长眉始画③，愁对离妆。广摄金屏④，莫令愁拥；恒开锦幔，速望人归。镜台新去，应余落粉；熏炉未徙，定有余烟。泪滴芳衾，锦花长湿；愁随玉轸⑤，琴鹤恒惊。锦水丹鳞，素书稀远⑥；玉山青鸟⑦，仙使难通。彩笔使操，香笺遂满；行云可托，梦想还劳。九重千日，讵想倡家；单枕一宵，便如浪子。当令照影双来，一鸾羞镜⑧；勿使推窗独坐，嫦娥笑人。

【注释】

①阳台：宋玉《高唐赋》记载巫山神女和楚襄王相会后离开时说：“妾在巫山之阳，高山之岨，旦为朝云，暮为行雨，朝朝暮暮，阳台之下。”后以阳台指男女欢会的地方。

② 萧史：又作箫史，相传为春秋时和秦穆公同时代的人，善长吹箫，箫声能够引来各种鸟。秦穆公将女儿弄玉嫁给他，并为弄玉筑了一座凤台让她居住，后来两人跟着凤凰飞升而离开人间。

③ 长眉始画：指汉代京兆尹张敞给妻子画眉这件事，这是古代夫妻和美的佳话。

④ 广摄金屏：据《旧唐书·后妃传上》，高祖后窦氏帮女儿寻求优秀的丈夫，"于门屏画二孔雀，诸公子有求婚者，辄与两箭射之，潜约中目者许之"。后世用"金屏雀"作为被选中为婿的典故。

⑤ 玉轸：玉制的琴柱，指代琴。

⑥ 锦水丹鳞，素书稀远：指来自远方的书信。

⑦ 玉山青鸟：玉山相传是王母娘娘居住的地方，青鸟是为西王母取食传信的神鸟。

⑧ 照影双来，一鸾羞镜：典出南朝宋范泰《鸾鸟诗序》：有一王侯喜欢鸾鸟，用金樊笼装饰，用美食喂养，养了三年不叫一声，他的妻子建议在笼前挂一面大镜子。鸾鸟见到镜中的自己，大声一叫，不久就死了。

【译文】

家中胜过楚襄王和神女相会的阳台，夫妻欢会不是巫山那样的梦境；虽然没有萧史和弄玉一样的男才女貌，夫妻恩爱地过着小日子也跟神仙一样。轻轻的折扇刚刚移开，欣喜地看到美人的笑脸；柳叶长眉开始描画，忧愁地面对离别的梳妆。金屏上画上孔雀为女儿选择夫婿，不要让美人坐拥愁城；常常打开锦绣帐幔，盼望出门在外的人儿速速归来。刚刚撤去梳妆的镜台，应当残留着散落的香粉；还没有移开焚香的熏炉，一定还有余烟袅袅。思念的泪水浸湿了衣衫，也润湿了锦绣花被；闲愁伴随着琴弦发出的声音缓缓蔓延，连琴瑟和仙鹤也时常一惊一乍。山水迢迢，书信稀少；山河远隔，连玉山的青鸟也难做信使。拿起彩笔写字倾诉衷肠，香笺被写满仍感到情思难遣；飘向远方的云彩似乎可以寄托我的思念，睡梦里也没有停止思念。远在九重天外，离别千日之久，那人儿难道没有思念我吗？孤单一人整宵难以入眠，那人儿就是无家可归的浪子。应当让镜子中照出双影，不能像孤独的鸾鸟一样感慨悲鸣；而不要推开窗子独坐伤神，月中的嫦娥应该取笑我孤苦伶仃。

几条杨柳，沾来多少啼痕；三叠阳关[①]，唱彻古今离恨。

【注释】

①三叠阳关：又名渭城曲，原为王维《送元二使安西》，后入乐府，以为送别曲，三叠诵唱。

【译文】

代表离别之情的杨柳枝，沾上了多少啼哭的泪痕；谱写离别之情的三叠阳关曲调，唱尽了古今多少离情别恨。

世无花月美人，不愿生此世界。

【译文】

世上没有风花雪月和香草美人这些东西，人们就不愿意生活在这个世界上。

荀令君[①]至人家，坐处留香三日。

【注释】

①荀令君：汉末尚书令荀彧，曹操的重要谋士。据《襄阳记》记载，他的衣带常常有香气，所经过的地方，香气浓烈不绝。

【译文】

荀令君来到别人家中，他所坐的地方留下的香味很长时间都不会飘散。

黄叶无风自落，秋云不雨长阴。天若有情天亦老，摇摇幽恨难禁。惆怅旧人如梦，觉来无处追寻。

【译文】

黄叶无风的时候也会独自飘零，秋云无雨的时候也常常阴暗昏沉。上天如果像人一样有感情也会为情所困而日渐衰老，这种深藏于心中的怨恨是很难控制的。惆怅地忆起旧日的情人，仿佛梦中一般，可是醒来之后却不知道到哪里去追寻梦里的人。

蛾眉未赎，谩劳桐叶寄相思①；潮信②难通，空向桃花寻往迹③。

【注释】

① 桐叶寄相思：指在红叶题诗这件事，见前面注释。

② 潮信：潮涨潮落有定时，喻男女盟誓永不反悔，此指音信。

③ 桃花寻往迹：指崔护人面桃花事，见前面注释。

【译文】

美人尚未赎身，就算在桐叶上题诗来寄托相思也白费心力；彼此音信难以相通，就算向桃花深处寻访旧日的行迹也是徒劳的。

野花艳目，不必牡丹；村酒酣人，何须绿蚁。

【译文】

野外的花朵也可鲜艳夺目，何必一定要牡丹花；乡村的美酒就能让人酣醉，何必一定要喝绿蚁这种美酒。

琴罢辄举酒，酒罢辄吟诗。三友递相引，循环无已时。

【译文】

弹琴后就举杯饮酒，饮酒后吟诵诗词，几个好朋友递相举杯饮酒，没有尽时。

静中楼阁春深雨，远处帘栊半夜灯。

【译文】

深春住在幽静的楼阁，倾听雨声；半夜透过稀疏的帘栊，遥望远处灯光。

绿屏无睡秋分簟，红叶伤时月半楼。

【译文】

秋分时节，忧愁地望着竹席之上的绿屏无法入睡；月半时分，望着小楼之侧红叶感时伤心。

但觉夜深花有露，不知人静月当楼；何郎[①]烛暗谁能咏，韩寿香熏亦任偷。

【注释】

①何郎：即南朝梁诗人何逊（？—518），字仲言，东海（今山东郯城）人。

【译文】

只知道夜深的时候花儿有露水滋润，却不知道人静的时候明月亮悄悄照着高楼；在昏暗的烛光里有谁能够吟咏何郎的诗篇，有情人任意去偷取韩寿的异香作为定情之物。

阆苑有书多附鹤，女墙无树不栖鸾。[①]星沉海底当窗见，雨过河源隔座看。

【注释】

①"阆苑"二句，出自李商隐《碧城》诗。

【译文】

阆苑中有书,所以多有前来归附相伴的仙鹤;女墙上无树,因而没有前来筑巢栖息的神鸟。打开小窗可以看到星星沉入海底,坐着远望可以看到大雨掠过河源。

风阶拾叶,山人茶灶劳薪;月径聚花,素士吟坛绮席。

【译文】

扫拾秋风过后台阶上的落叶,可以作为山人隐士煮茶的柴薪;菊花盛开、月光映照的小径,可以作为文人雅士吟诗聚会的绮席。

当场笑语,尽如形骸外之好人;背地风波,谁是意气中之烈士。

【译文】

逢场作戏的时候每个人都欢声笑语,都好像是放浪形骸、超凡脱俗的好人;背地里烦恼郁结,风波迭起,又有谁是意气相投、行侠仗义的刚烈之士。

山翠扑帘,卷不起青葱一片;树阴流径,扫不开芳影几层。

【译文】

满山的翠色扑面而来,映入窗帘,窗帘也卷不起这一片郁郁葱葱的如画青山;阳光透过树冠,在小径上留下斑斑驳驳的树影,扫帚却扫不开这一径层层叠叠的树荫芳影。

珠帘蔽月,翻窥窈窕之花;绮幔藏云,恐碍扶疏之柳。

【译文】

珍珠帘子挡住了月光,月光却照着庭院婀娜多姿的花朵;华丽的帐幔似乎藏起了云彩，但恐怕会妨碍垂柳婆娑起舞。

幽堂昼深，清风忽来好伴；虚窗夜朗，明月不减故人。

【译文】

坐在幽静的山堂里觉得白昼很长，偶尔一阵清风吹来，仿佛是友好的朋友亲来拜访；打开小窗仰望清朗的夜色，皎洁的月光当空普照，如同老朋友一样对着我笑。

多恨赋花，风瓣乱侵笔墨；含情问柳，雨丝牵惹衣裾。

【译文】

满怀离恨前来吟咏花，花瓣被风吹起乱飞，沾染了我的笔墨；满怀深情前去询问柳，细细的雨丝随风摇曳，牵扯并打湿了我的衣裙。

亭前杨柳，送尽到处游人；山下蘼芜，知是何时归路。

【译文】

亭前的杨柳，不知送走了多少离人别客；山下的蘼芜，可知道他们何时归来？

初弹如珠后如缕，一声两声落花雨。诉尽平生云水心，尽是春花秋月语。

【译文】

刚刚弹奏时琴声好像珍珠落入玉盘一般，接下来就像绵绵的细线一样不断绝，再后来，一声，两声，就像雨落在花间。琴声似乎要把平生似水如云的心情倾诉出来，仔细聆听都是春花秋月一般的咏物寄情之语。

春娇满眼睡红绡，掠削云鬟施妆束。飞上九天歌一声，二十五郎吹管逐。[①]

【注释】

① 此段出自唐元稹《连昌宫词》。九天，天空。二十五郎指豳邠王李承宁，善吹笛，家中排行二十五，故称。

【译文】

睡在红色绢帐中的女郎在春天的时候睁开她娇柔的眼睛，掠一掠如云似雾的发髻开始梳妆打扮。女郎清亮的歌声飞入云霄，二十五郎吹着笛前来伴奏。

琵琶新曲，无待石崇[①]；箜篌杂引[②]，非因曹植。

【注释】

① 石崇：字季伦，西晋时的富豪，曾任散骑常侍、荆州刺史等。在洛阳建造了金谷园，奢靡无度。所作《王昭君辞》，又被称为《琵琶引》。

② 箜篌杂引：指三国文学家曹植所作《箜篌引》，表达人生短暂、及时行乐的感情。

【译文】

像《琵琶》一样的新曲，并不一定等待石崇来谱写；像《箜篌引》一样的杂曲，也不一定非得曹植去谱就。

休文腰瘦，羞惊罗带之频宽[①]；贾女[②]容销，懒照蛾眉之常锁。

【注释】

① “休文腰瘦”二句：南朝诗人沈约字休文，历仕宋、齐、梁，官至尚书令。曾经在写给好朋友徐勉的书信中自称：“百日数旬，革带常应移孔；以手握臂，率计月小半分。”

② 贾女：西晋时贾充的小女儿。见前面“韩寿偷香”的注释。

【译文】

沈约的腰身日渐消瘦，发现腰间的罗带频频变宽感到羞愧而惊异；贾充小女儿的容颜已经消瘦，懒得照镜自见蛾眉常锁的模样。

琉璃砚匣，终日随身；翡翠笔床，无时离手。

【译文】

用琉璃做的砚匣，终日携带在身边；用翡翠做的笔架，一直握在手中。

清文满箧，非惟芍药之花；新制连篇，宁止葡萄之树。[①]

【注释】

① 此段出自南朝徐陵《玉台新咏序》。

【译文】

清丽优美的文章堆满了书箧，文章内容丰富，不仅仅是描写芍药之花；连篇珠玑刚刚写就，描写的东西很多，不只是关于葡萄之树。

盈盈[①]相隔愁追随，谁为解语[②]来香帏。

【注释】

① 盈盈：仪态美好的样子，多指美人的风仪。《古诗十九首》曰："盈盈楼上女，皎皎当窗牖。"

② 解语：解语花，用来比喻美人。《开元天宝遗事》曰："明皇秋八月，太液池有千叶白莲数枝盛开，帝与贵戚宴赏焉。左右皆叹美久之，帝指贵妃于左右曰：'争如我解语花！'"

【译文】

风姿绰约的美女遥遥相隔，相思之愁时时困扰着我，谁能来到香帐之中陪伴我呢？

斜看两鬓垂，俨似行云嫁。

【译文】

斜看美女头上两个发髻高高垂下，就好像飘浮在空中的云彩要出嫁一般(云嫁，一云云女出嫁)。

欲与梅花斗宝妆，先开娇艳逼寒香。只愁冰骨藏珠屋，不似红衣待玉郎。

【译文】

想要与梅花比赛妆扮，就要先开出娇艳的花朵与苦寒的梅香相较量。最担心的是冰清玉洁的人儿孤苦伶仃地被藏在漂亮的珠屋之中，不能像红衣美女那样侍奉如意情郎。

纵教弄酒春衫浣，别有风流上眼波。

【译文】

纵然是举着酒杯在风中饮酒，弄湿了美丽的衣衫，眼中看到的是一番风流韵味。

听风声以兴思①，闻鹤唳以动怀②。企庄生③之逍遥，慕尚子④之清旷。

【注释】

① 听风声以兴思：典故出自《世说新语·识鉴》："张季鹰辟齐王东曹掾，在洛，见秋风起，因思吴中菰菜羹、鲈鱼脍，曰：'人生贵得适意耳尔，何能羁宦数千里以要名爵？'"

② 闻鹤唳以动怀：典故出自《世说新语·尤悔》："陆平原河桥败，为卢志所谗，被诛。临刑叹曰：'欲闻华亭鹤唳，可复得乎？'"

③ 庄生：即庄子，战国时道家学派代表人物。

④ 尚子：尚长，字子平，东汉时的隐士。

【译文】

听到秋风声就引发了我的思乡之情，听到鹤鸣就触动了我的隐逸情怀。企求能像庄子那样过上自在逍遥的生活，羡慕尚长那样的清雅旷达的处世态度。

灯结细花成穗落，泪题愁字带痕红。

【译文】

灯芯结出细细的灯花就像成熟的稻穗一样低垂着，含着眼泪写的那些抒发愁思的文字也带着淡红的泪痕。

无端饮却相思水，不信相思想杀人。

【译文】

无缘无故饮下这相思之水，不相信就会产生相思之情以致因情而死。

渔舟唱晚，响穷彭蠡之滨；雁阵惊寒，声断衡阳之浦。①

【注释】

① 此段见王勃《滕王阁序》。彭蠡，即鄱阳湖。“雁阵”二句，指音信断绝。传说雁能够传递书信，衡阳有座雁回峰，雁在冬天天寒的时候就往南飞到这里，春天才飞回去。

【译文】

傍晚，渔夫荡着归舟高歌，歌声响彻鄱阳湖的两岸；天气转寒，惊扰到南飞的大雁，凄厉的雁叫声在衡阳的水边时断时续。

爽籁发而清风生，纤歌凝而白云遏。[1]

【注释】

① 此二句出自王勃《滕王阁序》。

【译文】

清风伴随着箫管发出的美妙声响飘荡；白云随着轻柔歌声慢慢凝聚不移动。

杏子轻沙初脱暖，梨花深院自多风。

【译文】

生长杏子的轻浅沙土刚刚转暖，梨花盛开的幽深宅院自然多风。

卷三　峭

今天下皆妇人矣。封疆缩其地，而中庭之歌舞犹喧；战血枯其人，而满座之貂蝉[1]自若。我辈书生，既无诛乱讨贼之柄，而一片报国之忱，惟于寸楮尺字间见之，使天下之须眉而妇人者，亦耸然有起色。集峭第三。

【注释】

①貂蝉：古代侍中、常侍等贵近之臣的冠饰，后用作达官贵人的代称。《后汉书·舆服志》曰："武冠，一曰武弁大冠，诸武官冠之。侍中、中常侍加黄金珰，附蝉为文，貂尾为饰，谓之'赵惠文冠'。"

【译文】

如今天下哪里还有阳刚的大丈夫，都如同妇人一般！眼看着国土日渐沦丧，然而庙堂之上依旧歌舞升平；疆场上战士的鲜血流尽干枯，可是满朝文武官员依然若无其事。我们这些读书人，既没有平息叛乱、讨伐贼寇的权柄，也就只有将一片报效国家的赤诚之心，因此用文字来表达对国家社稷的关心，使天下那些身为男人而言行却如妇人一样的人们看后能够有所触动，有所改变。于是，编纂了第三卷，命名为"峭"。

忠孝吾家之宝，经史吾家之田。

【译文】

忠君、孝亲是我们的持家之宝，经籍史书是我们的养家之田（赖以安身立命的根本）。

闲到白头真是拙，醉逢青眼[1]不知狂。

【注释】

① 青眼：此典出自《晋书·阮籍传》：（籍母死）"嵇喜来吊，籍作白眼，喜不怿而退。喜弟康闻之，乃赍酒挟琴造焉，籍大悦，乃见青眼。"

【译文】

一生到老虚度光阴，无所事事，这真是笨拙；酒醉之后，碰到别人正眼相待，也不知自己的狂妄情态。

兴之所到，不妨呕出惊人；心故不然，也须随场作戏。

【译文】

兴致来的时候，不妨吐出心声，语惊四座；心中虽然不以为然，有时也需要逢场作戏一番。

放得俗人心下，方可为丈夫；放得丈夫心下，方名为仙佛；放得仙佛心下，方名为得道。

【译文】

把世俗之心放下，才可以成为顶天立地的大丈夫；把大丈夫名利之心放下，才可以称得上是仙佛；把成仙成佛之心放下，才可以称得上是彻悟世间的真理。

吟诗劣于讲书，骂座恶于足恭。两而揆之，宁为薄幸狂夫，不作厚颜君子。

【译文】

想要直抒胸臆，讲解经史确实比不上吟诗作赋直接；想要心口一致，座上谩骂确实比过分谦恭更表里如一。两相比较之下，我宁愿做一个薄情豪放的狂夫，也不愿做一个厚颜无耻、表里不一的君子。

观人题壁，便识文章。

【译文】

观看一个人在壁上题写的诗文，就可以了解他的文章水平如何。

宁为真士夫，不为假道学①；宁为兰摧玉折，不作萧敷艾荣。②

【注释】

① 假道学：道学指宋明理学，假道学则指拘泥礼法而处事迂腐的人。

② 宁为兰摧玉折，不作萧敷艾荣：此句出自《世说新语·言语》："毛伯成负其才气，常称宁为兰摧玉折，不作萧敷艾荣。"

【译文】

宁愿做一个真正的读书人，而不做一个伪君子；宁愿洁身自好，像兰花和美玉一样被摧折和粉碎，也不愿委曲求全，像萧草和艾蒿那样茂盛地生长着。

随口利牙，不顾天荒地老；翻肠倒肚，那管鬼哭神愁。

【译文】

伶牙俐齿，直抒胸臆，将心中的话说出来，哪里顾得上地老天荒；搜肠刮肚，将心中想的写成文章，哪里会害怕鬼哭神愁！

身世浮名，余以梦蝶①视之，断不受肉眼相看。

【注释】

① 梦蝶：《庄子·齐物论》曰："昔者庄周梦为胡蝶，栩栩然胡蝶也，自喻适志与！不知周也。俄然觉，则蘧蘧然周也。不知周之梦为胡蝶与，胡蝶之梦为周与？"

【译文】

对于人世间的虚浮声名，我一直把它们看成是梦中的蝴蝶，空幻不实，绝不用世俗的眼光认真看待。

穷通之境未遭，主持之局已定；老病之势未催，生死之关先破。求之今人，谁堪语此。

【译文】

还没有经过困厄与通达的境遇，就已经确立了自我主宰生命的局面；还没有遭受过年老多病的折磨，就预先看破了生死的道理。请教当今的世人，有谁能够说清这些道理呢？

一纸八行①，不过寒温之句；鱼腹雁足②，空有来往之烦。是以嵇康不作③，严光口传④，豫章掷之水中⑤，陈泰挂之壁上⑥。

【注释】

① 一纸八行：旧时信笺，多数是一页八行。

② 鱼腹雁足：借指书信。鱼腹传书，此典出自汉朝蔡邕《饮马长城窟行》："客从远方来，遗我双鲤鱼。呼儿烹鲤鱼，中有尺素书。"雁足传书，此典出自《汉书·苏武传》：苏武出使匈奴，被拘留起来，不屈服。后来汉朝和匈奴和亲成功，汉朝要求释放苏武，匈奴谎称苏武已死。汉武帝的司吏常惠夜中会见汉朝的使者，教使者对匈奴单于这样说：汉朝皇帝在上林苑打猎的时候，得到一只从北方飞来的大雁，雁足有一帛书，书中说明苏武在某地大泽中。使者按照常惠说的责备了单于，苏武才得以归国。

③ 嵇康不作：嵇康《与山巨源绝交书》说他不愿委屈自己侍奉别人，"有必不堪者七，甚不可者二"。其第四"不堪"即是："素不便书，又不喜作书，而人间多事。堆案盈几，不相酬答，则犯教伤义，欲自勉强，则不能久。"

④ 严光口传：严光是东汉的隐士，据《后汉书·严光传》载：他曾

与光武帝刘秀一起游学，刘秀即位，在草泽中寻找他，到了朝廷后，曾经和他相认识的司徒侯霸，给他写了一封书信，严光没有回信，“乃投札与之，口授曰：‘君房足下：位至鼎足，甚善。怀仁辅义天下悦，阿谀顺旨要领绝。’”

⑤ 豫章掷之水中：此典出自《世说新语·任诞》：(殷洪乔守豫章郡)“临去，都下人因附百许函书。既至石头，悉掷水中，因祝曰：‘沉者自沉，浮者自浮，殷洪乔不能作致书郎。’”

⑥ 陈泰挂之壁上：此典出自《三国志·魏书》本传：泰为并州刺史，“京邑贵人多寄宝货，因泰市奴婢，泰皆挂之于壁，不发其封，及征为尚书，悉以还之”。

【译文】

一纸八行的书信，不过都是些嘘寒问暖的话罢了；经常书信来往，也只会增添一些无谓的烦琐。所以嵇康从来不写信，严光也只用口传，殷洪乔把书信投入水中，陈泰则把书信挂在壁上。

枝头秋叶，将落犹然恋树；檐前野鸟，除死方得离笼。人之处世，可怜如此。

【译文】

秋天树枝上的黄叶，即将坠落到地上的时候，仍然眷恋着枝头；屋檐前笼子中的鸟儿，除非死去，才能逃离束缚着它的樊笼。人生在世，正像秋叶和野鸟一样可怜。

士人有百折不回之真心，才有万变不穷之妙用。

【译文】

读书人具有百折不回的坚贞之心，在遇到千变万化的世事时，才能够想出应付自如、微妙灵活的方法。

立业建功，事事要从实地着脚，若少慕声闻，便成伪果；讲道修德，念念要从虚处立基，若稍计功效，便落尘情。

【译文】

想要建功立业，就要脚踏实地做事，如果稍微有些追求声名的浮躁之心，就不能真正成功。想要修心养性，每个念头都要从虚处下功夫，如果稍微有急功近利的念头，就会落入了世俗的纷扰中。

荣宠傍边辱等待，不必扬扬；困穷背后福跟随，何须戚戚？看破有尽身躯，万境之尘缘自息；悟入无怀境界，一轮心月独明。

【译文】

荣华与宠贵随时都可能被耻辱取代，没有必要扬扬得意；困顿与贫穷过后就会幸福，又何必忧愁悲戚呢？把有限的生命看破了，那么各种各样的尘俗杂念自然消除；把心无牵挂的超然境界悟透了，那么心间就好像明月一样澄明。

霜天闻鹤唳，雪夜听鸡鸣，得乾坤清绝之气；晴空看鸟飞，活水观鱼戏，识宇宙活泼之机。

【译文】

霜降时节静听飞鹤鸣叫，雪飘之夜卧听晨鸡啼叫，自然可以感受到天地间清静幽雅、高洁绝妙的气韵；晴空万里仰望鸟儿飞翔，流水潺潺闲观鱼儿嬉戏，自然可以领略到宇宙间活泼的生机。

斜阳树下，闲随老衲清谈；深雪堂中，戏与骚人白战[①]。

【注释】

① 白战：本指徒手作战，后用来指作“禁体诗”时禁用某些较常用的

字。宋代欧阳修、苏轼等会客吟诗，禁用某些常用的字，比赛彼此诗词功底的深浅。不用一些常用的字眼，有如徒手相搏，故称白战。

【译文】

在夕阳余晖中，与老和尚对坐树下悠闲地聊天；在大雪飘飞之时，与文人墨客在厅堂中作禁体诗游戏。

山月江烟，铁笛数声，便成清赏；天风海涛，扁舟一叶，大是奇观。

【译文】

山中的月色朦朦胧胧，江上的烟雾模模糊糊，远处传来几声笛音，便是赏心悦目之事；天风浩浩荡荡，海涛层层叠叠，一叶扁舟穿行于风底浪尖，确为一大奇观。

秋风闭户，夜雨挑灯，卧读《离骚》泪下；霁日寻芳，春宵载酒，闲歌乐府神怡。

【译文】

在秋风呼啸、夜雨连绵的时候，关上门户，挑亮油灯，躺在床上诵读《离骚》，读到情深之处潸然泪下；大雨初晴，寻芳赏花，春夜无事，载酒畅饮，悠闲地歌唱着乐府古曲，听到心动之处神情怡然。

云水中载酒，松篁里煎茶，岂必銮坡①侍宴；山林下著书，花鸟间得句，何须凤沼②挥毫。

【注释】

①銮坡：唐德宗时学士院移置在銮坡，后以为翰林院的别称。

②凤沼：指凤凰池，中书省的代称。

【译文】

在山水间载酒嬉戏，在松竹间煎茶品味，难道只有在翰林院侍奉皇帝宴饮才是人生惬意之事吗？在山中林下著书立说，于花香鸟语间吟诗联句，难道只有在中书省挥毫草拟诏旨才是令人羡慕的事吗？

旅馆题蕉，一路留来魂梦谱；客途惊雁，半天寄落别离书。

【译文】

在旅途客舍中题诗于蕉叶之上，一路走来留下了无数魂牵梦绕的诗谱；在出行途中惊起了一群飞雁，从半空中飘落下一封离别的书信。

歌儿带烟霞之致，舞女具丘壑之资，生成世外风姿，不惯尘中物色。

【译文】

牧童的歌声带有山水云霞的道家韵致，少女舞姿带有山林田园的仙家风姿。他们生来就是具有世俗之外的风姿，对尘世中的风物景象不是很习惯。

今古文章，只在苏东坡鼻端定优劣；一时人品，却从阮嗣宗[①]眼内别雌黄。

【注释】

① 阮嗣宗：即阮籍，此处用他能翻青眼、白眼的典故，见前面注释。

【译文】

古今的文章，苏东坡用他的鼻端一闻，就能品味高下、衡定优劣；一时的人品，阮籍用他的眼睛一观，就能分出好坏、区别等次。

魑魅满前，笑著阮家《无鬼论》[1]；炎嚣阅世，愁披刘氏《北风图》[2]。气夺山川，色结烟霞。

【注释】

① 阮家《无鬼论》：阮家，指阮瞻，据《晋书》本传载："永嘉中，为太子舍人。瞻素执无鬼论，物莫能难，每自谓此理足可以辩证幽明。忽有一客通名诣瞻，寒温毕，聊谈名理。客甚有才辩，瞻与之言良久，及鬼神之事，反覆甚苦。客遂屈，乃作色曰：'鬼神，古今圣贤所共传，君何得独言无！即仆便是鬼。'于是变为异形，须臾消失。瞻默然，意色大恶。"

② 刘氏《北风图》：东汉桓帝时画家刘褒，画有《云汉图》，观览后使人感觉发热；又画有《北风图》，观览后使人感觉发冷。

【译文】

世上阴险如鬼的人那多么，看着阮瞻的《无鬼论》便觉得可笑；看着世态炎凉，不禁满怀愁绪地观览着刘褒的《北风图》。气势盖过了山川，色彩结成了烟霞的绚烂。

圣贤不白之衷，托之日月；天地不平之气，托之风雷。

【译文】

圣贤有无法表露的心迹就通过日月寄托出来；天地有因不公正而产生的怒气就通过风啸雷鸣发泄出来。

风流易荡，佯狂易颠。

【译文】

风流不羁的人容易放荡轻佻，佯装狂放的人容易变成疯疯癫癫。

书载茂先三十乘[1]，便可移家；囊无子美一文钱[2]，尽堪结客。

【注释】

① 书载茂先三十乘：西晋张华，字茂先，记忆力强，时推第一，著有《博物志》。《晋书》本传记载他“雅爱书籍，身死之日，家无余财，惟有文史溢于机箧。尝徙居，载书三十乘”。

② 囊无子美一文钱：唐代大诗人杜甫，字子美，一生颠沛流离，穷困潦倒，然不忘忧国忧民，结交天下诗友，他在诗作《空囊》中咏道：“囊空恐羞涩，留得一钱看。”

【译文】

藏书的数量像张华一样可以装满三十辆车子，便可以搬家了；贫穷得像杜甫一样身无分文，也要广交天下朋友。

有作用者，器宇定是不凡；有受用者，才情决然不露。

【译文】

一个有所作为的人，其言行举止一定与众不同；一个有大智慧的人，必定心有城府、不露声色、不显才情。

松枝自是幽人笔，竹叶常浮野客杯。

【译文】

松枝是隐士手中的天然之笔，竹叶这种美酒则是村野隐居者杯中的饮料。

且与少年饮美酒，往来射猎西山头。

【译文】

尽情地与少年一起畅饮美酒，经常到西山头去打猎。

瑶草与芳兰而并茂，苍松齐古柏以增龄。

【译文】

珍异的瑶草与芬芳的兰花竞相繁茂,苍劲的松树与古老的柏树相伴成长。

好山当户天呈画,古寺为邻僧报钟。

【译文】

门庭正对好山美景,打开柴门一幅天然之图扑入眼帘;家就在古老佛寺的旁边,每天都有僧人敲钟打鼓报时。

群鸿戏海,野鹤游天。

【译文】

一群群大雁在海面上欢乐地嬉戏,一队队野鹤在天空自由地翱翔。

卷四　灵

天下有一言之微而千古如新、一字之义而百世如见者，安可泯灭之？故风、雷、雨、露，天之灵；山、川、民、物，地之灵；语、言、文、字，人之灵。罣三才之用[①]，无非一灵以神其间，而又何可泯灭之？集灵第四。

【注释】

①罣三才之用：罣，侦伺，伺视。三才，天、地、人。《周易·说卦》曰："立天之道曰阴与阳，立地之道曰柔与刚，立人之道曰仁与义，兼三才而两之，故易六爻而成卦。"

【译文】

人世间会有一句精微奥妙的话，流传千古之后听起来仍然感到有新意；也会有一个意义广大的字，流传百代之后读起来仍然仿佛亲见一样真实。像这些具有灵性的文字怎么可以让它们泯灭呢？风、雷、雨、露是天的灵气，山、川、民、物是地的灵气，语、言、文、字是人的灵气。仔细观察天、地、人所呈现出的各种现象，无非是因为灵气才使得它们变得神妙难尽，而我们又怎么能把这个灵性泯灭掉呢？于是，编纂了第四卷，命名为"灵"。

投刺空劳，原非生计；曳裾自屈，岂是交游？

【译文】

整天投递名帖以求别人赏识重视自己，结果空自奔忙，本来就不是谋生之道；拉着衣襟屈卑地在王侯权贵之门逢迎，难道是正常的结交朋友之道吗？

事遇快意处当转，言遇快意处当住。

【译文】

做事到了舒心得意之处就容易犯错误，这时就要转向避开，说话到了舒心快意之处就容易惹是生非，这时就应当打住。

俭为贤德，不可着意求贤；贫是美称，只是难居其美。

【译文】

节俭是一种美好的品德，但不可因为人们称赞节俭，而刻意追求这种好的名声；清贫是一种赞美的称誉，但是能保持这种清贫称誉的人少之又少。

志要高华，趣要淡泊。

【译文】

一个人的志向要远大光辉，但意趣应追求淡泊恬静。

眼里无点灰尘，方可读书千卷；胸中没些渣滓，才能处世一番。

【译文】

眼中没有一点成见、偏见，才可以广涉众书；胸中污秽的想法，处世才能圆融练达。

眉上几分愁，且去观棋酌酒；心中多少乐，只来种竹浇花。

【译文】

如果感到忧愁的时候，就去观看别人下棋或者酌酒对饮；如果心中觉得快乐，就去种竹浇花，以保持这种无忧无乐的平静心态。

茅屋竹窗，贫中之趣，何须脚到李侯门①；草帖画谱，闲里所需，直凭心游杨子宅②。

【注释】

① 李侯门：李侯，指东汉名士李膺，桓帝时担任司隶校尉，《后汉书》本传曰："是时朝廷日乱，纲纪颓弛，膺独特风裁，以声名自高。士有被其容接者，名为登龙门。"

② 杨子宅：杨子指西汉文学家扬雄，家中清贫，没有什么不良嗜好，《汉书》本传称赞他"不汲汲于富贵，不戚戚于贫贱"，"人希至其门"。

【译文】

身处茅屋对着竹窗，清贫的生活之中自有幽趣，何必要高攀李膺那样的高等龙门；草书法帖和画谱，自是清闲生活中赖以自娱的东西，凭着心神就可以遨游扬雄那样的书香门第。

好香用以熏德，好纸用以垂世，好笔用以生花，好墨用以焕彩，好茶用以涤烦，好酒用以消忧。

【译文】

好香可以用来熏陶美好的德行，好纸可以用来书写流传后世的美文，好墨可以用来描绘赏心悦目的图画，好茶可以用来涤除心中的烦恼，好酒可以用来消解内心的忧愁。

惟俭可以助廉，惟恕可以成德。

【译文】

只有做到节俭才可以促成廉洁，只有做到宽恕才可以成就德行。

山泽未必有异士，异士未必在山泽。

【译文】

山林川泽不一定就是超凡奇异的人才住的地方，而才智超凡的人才也不一定居住在山林川泽。

业静六根①成慧眼②，身无一物到茅庵。

【注释】

① 六根：佛教语，谓眼、耳、鼻、舌、身、意，这六根是联系尘世、遮掩佛性的业障。

② 慧眼：佛教以肉眼、天眼、慧眼、法眼、佛眼为五眼，慧眼和法眼能照见实相，肉眼和天眼仅见幻相，佛眼能洞察一切，具有超凡的眼力。

【译文】

眼、耳、鼻、舌、身、意这些联系尘世、遮掩佛性的业障一旦彻底清净了，就能生成观照世间万相的慧眼；身上没有任何事物的牵绊，就像到深山的茅庵去修行一般。

人生莫如闲，太闲反生恶业；人生莫如清，太清反类俗情。

【译文】

人生一世没有比清闲更让人惬意的了，但是太过清闲反而会生出罪恶的业障；人生一世没有比清高更让人高尚的了，但是过分清高反而会像世俗之情一样令人难耐。

不是一番寒彻骨，怎得梅花扑鼻香。念头稍缓时，便庄诵一遍。

【译文】

如果没有经历一番彻骨的寒冷，梅花怎么能够发出扑鼻的清香？每当这个念头稍有减弱的时候，就要庄重地朗诵一遍。

九山[①]散樵迹，俗间徜徉自肆，遇佳山水处，盘礴箕踞，四顾无人，则划然长啸，声振林木。有客造榻与语，对曰：余方游华胥[②]、接羲皇[③]，未暇理君语。客之去留，萧然不以为意。

【注释】

① 九山：泛指九州岛的大山。

② 华胥：《列子》记载黄帝"昼寝，梦游华胥氏之国"，华胥国没有君主，人民没有欲望。后来用指梦境、理想国。

③ 羲皇：即伏羲氏，古代传说中的三皇之一。

【译文】

天下的名山中都散布着我采樵的足迹，在人世间肆意徜徉徘徊，遇到好山好水，就盘起腿来打坐，看见周围没有人，就忽然仰天长啸，声音在树林中回荡。如果有客人登门拜访，与我聊天，就说："我正在华胥氏之国游玩，正和伏羲氏畅谈，没有时间理会你的话。"客人的去留问题，全然不放在心上。

择池纳凉，不若先除热恼[①]；执鞭求富[②]，何如急遣穷愁。

【注释】

① 热恼：谓焦灼苦恼。

② 执鞭求富：《论语·述而》曰："富而可求也，虽执鞭之士，吾亦为之。"

【译文】

想选择一个树荫浓密的池塘纳凉，不如先消除心中的焦灼苦恼；想驾着马车四处奔波以求经商致富，当务之急还不如先把因穷而生的愁绪排遣掉。

人有一字不识，而多诗意；一偈不参，而多禅意；一勺不濡，而多酒意；一石不晓，而多画意。淡宕故也。

【译文】

有的人不认识一个字，却富有诗情；有的人连一句佛偈都不能参悟，却饶有禅意；有的人不沾一滴酒，却充满饮酒的情趣；有的人一块石头也不用心观摩，却满眼画意。这是他们淡泊而无拘无束的缘故。

以看世人青白眼①转而看书，则圣贤之真见识；以议论人雌黄口转而论史，则左狐②之真是非。

【注释】

① 青白眼：见前面注释。

② 左狐：即春秋时期著名的史官左丘明和董狐。左丘明为鲁国史官，著有《春秋左氏传》(《左传》)、《国语》，因为眼睛失明，后人称他为盲左。董狐为晋国史官，晋灵公无道，要杀死赵盾，赵盾逃走后，他的家人弑杀晋灵公。赵盾归国后，董狐直书"赵盾弑其君"。孔子称赞他是古代的良史，即是说他记载史事不隐讳。后世把左丘明和董狐作为良史的代称。

【译文】

用看待世人的青眼、白眼来看书，那么就会像圣人贤士一样具备真知灼见；用议论品评世人的雌黄之口来评论历史，那么就会具有像左丘明、董狐那样的良史的是非观。

事到全美处，怨我者不能开指摘之端；行到至污处，爱我者不能施掩护之法。

【译文】

如果把事情做到尽善尽美的境界，怨恨我的人也就无法找到指摘我的借口；行为达到污秽不堪的地步，即使是喜爱我的人也无法采取掩护的手段。

必出世者，方能入世，不则世缘易堕；必入世者，方能出世，不则空趣难持。

【译文】

具有出世的襟怀，才能够更好地入世营生，否则就容易受到尘世中各种因缘的牵引而走向堕落；有了入世的经历，才能够更好地出世隐逸，否则很难不动地保持空灵的境界。

调性之法，急则佩韦①，缓则佩弦②；谐情之法，水则从舟，陆则从车。

【注释】

① 急则佩韦：去毛熟治的兽皮，性柔韧。

② 缓则佩弦：弦即弓弦，常绷紧。

【译文】

调节个性的方法，性子急的人就佩带上熟皮，用来随时提醒自己不能性急狂躁；性子缓的人就佩带上弓弦，用来随时警告自己要及时行动。调节性情的方法，就要像在水上乘船、在陆地乘车那样顺从天性、自然从容。

才子之行多放，当以正敛之；正人之行多板，当以趣通之。

【译文】

有才情的人做事大多狂放而不受约束，因此应该用端庄正直来引导他，让他懂得收敛；正直的人做事大多死板而不灵活，因此应该用情理意趣来引导他，让他处事融通。

卧石不嫌于斜，立石不嫌于细，倚石不嫌于薄，盆石不嫌于巧，山石不嫌于拙。

【译文】

平放着的石头不嫌它倾斜，竖立着的石头不嫌它细小，依靠着的石头不嫌它太单薄，盆中的石头不嫌它小巧，山上的石头不嫌它笨拙。

雨过生凉，境闲情适，邻家笛韵，与晴云断雨，逐听之，声声入肺肠。

【译文】

大雨刚刚停下之时，顿感凉意，环境清幽闲适，情趣盎然，邻家传来了悠悠的笛声，笛声与天空初晴的云彩和断断续续的雨声相应和，逐一倾听品味，声声令人心旷神怡。

不惜费，必至于空乏而求人；不受享，无怪乎守财而遗诮。

【译文】

如果平时不节俭，必定会落到穷困窘迫、求人施舍的地步；而如果家中殷实而不舍得享受，也会被认为是守财奴而留下讥诮的话柄。

园亭若无一段山林景况，只以壮丽相炫，便觉俗气扑人。

【译文】

建筑园林亭台如果没有一点山林泉石的自然景色，而只是以雄伟壮丽的建筑来相炫耀，就会使人感到俗气扑面而来，不堪忍耐。

餐霞吸露，聊驻红颜；弄月嘲风，开销白日。

【译文】

以云霞为餐，以甘露为饮，以此来保养美丽的容貌；玩赏月色，调笑清风，以此来消磨时光。

清之品有五：睹标致，发厌俗之心，见精洁，动出尘之想，名曰清兴。知蓄书史，能亲笔砚，布景物有趣，种花木有方，名曰清致。纸裹中窥钱，瓦瓶中藏粟，困顿于荒野，摈弃乎血属，名曰清苦。指幽僻之耽，夸以为高，好言动之异，标以为放，名曰清狂。博极古今，适情泉石，文词带烟霞，行事绝尘俗，名曰清奇。

【译文】

"清"这种品性包括五种类型：看到标致美丽的事物，就生发厌世脱俗之心，见了精粹纯洁的东西，就会动了超尘脱俗的念头，这是"清兴"。知道收藏经史百家之书，喜欢挥毫泼墨、书写文章，布置景物富有情趣，栽种培育花木有方法，这是"清致"。从废纸堆里寻觅钱币，在小瓦罐中贮藏粮食，贫困地生活在荒郊野外，还被族人亲属所抛弃，这是"清苦"。把爱好幽远僻静的怪癖夸赞为高雅，做事喜欢标新立异，自我标榜为狂放不羁，这就是"清狂"。博古通今，在山林泉石之间肆意纵情，文词风格带有淡泊超脱的烟霞之韵，为人行事超凡脱俗，不染尘气，这是"清奇"。

对棋不若观棋，观棋不若弹瑟，弹瑟不若听琴。古云：但识琴中趣，何劳弦上音。斯言信然。

【译文】

自己下棋不如在旁边观人下棋，观人下棋又不如自己弹瑟，自己弹瑟又不如听人弹琴。古人说：只要能领会到琴中的情趣，何必要自己亲拨琴弦弹出声音呢？这话说得很有道理。

简傲不可谓高，谄谀不可谓谦，刻薄不可谓严明，阘茸不可谓宽大。

【译文】

傲慢不能说是清高，奉承献媚不能说是谦逊，冷酷寡恩不能说是严明，庸碌无能不能说是宽大。

作诗能把眼前光景，胸中情趣，一笔写出，便是作手，不必说唐说宋。

【译文】

吟诗填词如果能够把眼前的自然景色，胸中的情趣，一一勾画出来，抒发得淋漓尽致，就可以说是诗词高手，不一定要模仿唐宋诗歌的传统。

少年休笑老年颠，及得老年颠一般。只怕不到颠时老，老年何暇笑少年。

【译文】

年轻人不要嘲笑老年人糊涂，等自己年老也一样糊涂。害怕的是还未糊涂就已经老态龙钟了，哪里还顾得上去取笑年轻人呢？

饥寒困苦，福将至已；饱饫宴游，祸将生焉。

【译文】

如果到了饥寒交迫，艰难困苦的境地，这是福乐即将到来的前兆；如果饱食终日，安逸游乐，灾祸也就即将降临。

打透生死关，生来也罢，死来也罢；参破名利场，得了也好，失了也好。

【译文】

如果参透了生死的道理，就没有烦恼忧愁，生就活得自在，死也死得安乐；看破了争名逐利的本质，就会感到超凡脱俗，得到了也好，失去了也无不好。

混迹尘中,高视物外;陶情杯酒,寄兴篇咏;藏名一时,尚友千古。

【译文】

在人间俗世之中苟且生活,眼光和识见却能超越世间的名利物外;在酒杯中寻找一时的快乐,在诗词歌赋中寄托自己的无限情怀;暂且埋名隐居,却能在精神上与上古的先贤为友。

痴矣狂客,酷好宾朋;贤哉细君①,无违夫子。醉人盈座,簪裾半尽酒家;食客满堂,瓶瓮不离米肆。灯火荧荧②,且耽夜酌;爨烟寂寂,安问晨炊。生来不解攒眉,老去弥堪鼓腹③。

【注释】

① 细君:古时诸侯妻子的特称,一作小君,后泛指妻子。

② 荧荧:小火。

③ 鼓腹:袒腹,鼓起肚子,吃饱了悠闲没事。

【译文】

狂放不羁之士痴于性情,特别喜欢结交四方宾客;妻子心地善良、通情达理,从来不违背丈夫的意愿。满座都是喝醉了酒的人,浑然不顾礼节,头饰衣衫不整;食客满堂,而装米的瓶瓮一直没有离开过米肆,哪里有米可煮饭。在昏暗的灯影中,朋友们醉醺醺地沉湎于夜饮之中;灶间一点炊烟都没有升起,何必过问早餐有没有着落!生下来就不知道什么是忧愁的滋味,到了老年更应该悠闲地生活。

读理义书,学法帖字,澄心静坐,益友清谈,小酌半醺,浇花种竹,听琴玩鹤,焚香煮茶,泛舟观山,寓意弈棋,虽有他乐,吾不易矣。

【译文】

诵读一些关于理义的书,临摹一些名家书法的范本,静下心来打坐,与知心朋友聊天,浅斟低酌饮酒到半醉的状态,然后去浇浇花、种种竹,听人家弹琴、观赏仙鹤起舞,焚燃上等的檀香、烹煮上等的茶叶,摇着小船去欣赏山川美景,与人下棋来寄托闲情,这些都是多么高雅有趣的事情,虽有其他快乐的事,我也是不愿意交换的。

成名每在穷苦日,败事多因得志时。

【译文】

一个人成名往往是在他穷困的时候,而失败却大多是在实现抱负、扬扬得意的时候。

宠辱不惊,肝木自宁;动静以敬,心火自定;饮食有节,脾土不泄;调息寡言,肺金自全;怡神寡欲,肾水自足[①]。

【注释】

①肝木、心火、脾土、肺金、肾水:古代中医把人的五脏与五行相匹配,肝属于木,心属于火,脾属于土,肺属于金,肾属于水。

【译文】

遇到荣宠或屈辱的时候从不惊慌失措,那么肝木自然就会安宁;处世行事能够做到恭敬,心中之火自然平和安定;饮食起居有一定的节制,脾土自然不会泄漏;调养好气息,少说话,肺金自然就会保全;怡悦心神,节制欲望,肾水自然就会充足。

天下可爱的人,都是可怜人;天下可恶的人,都是可惜人。

【译文】

天下值得去爱的人,往往都是那些令人同情可怜的人;而天下令人厌恶的人，又往往都是那些令人惋惜的人。

事业文章，随身销毁，而精神万古如新；功名富贵，逐世转移，而气节千载一日。

【译文】

事业和文章这些东西随着生命的毁灭而毁灭，而精神却能传承给后代，万古如新；功名利禄和荣华富贵这些东西随着时代的变化而转移，而人的气节却能千年不变，永垂不朽。

古人特爱松风，庭院皆植松，每闻其响，欣然往其下，曰：此可浣尽十年尘胃。

【译文】

古人特别喜欢风吹松树的声音，都在庭院之中栽上松树，每当听到松风阵阵响起，便高兴地来到树下说道："这松风简直可以清洗干净我十年来为尘俗所污染的脾胃！"

凡名易居，只有清名难居；凡福易享，只有清福难享。

【译文】

想获取和保持世俗的声名是很容易的，只有清高之名难以获取和保持；想享受世俗的幸福是很容易的，只有清闲的福分难以享受得到。

贺兰山①外虚兮怨，无定河②边破镜愁。

【注释】

① 贺兰山：主峰在今宁夏回族自治区贺兰县境内。

② 无定河：即今永定河，因为它的河道迁徙无常，故名。

【译文】

到贺兰山外守边，归期不定、生死难卜，空留无限幽怨；出征前往无定河边，离乡背井、惜别妻儿，破镜很难重圆。

有书癖而无剪裁，徒号书橱；推名饮而少慰藉，终非名饮。

【译文】

爱好读书，但却不加选择，只能说这个人像书橱；号称是饮酒的高手，却不注意涵养，终究不是酒中的行家。

长于笔者，文章即如言语；长于舌者，言语即成文章。昔人谓丹青乃无言之诗，诗句乃有言之画。余则欲丹青似诗，诗句无言，方许各臻妙境。

【译文】

擅长挥笔写作的人，他写出的文章就像用语言表达出来一样自然；擅长用口交流的人，他说出的话本身就是一篇文采出色的文章。古时候的人说：一幅画就是一首无言的诗，一首诗就是一幅有言的画，我则主张绘画要像在写一首有言的诗，作诗要像在绘一幅无言的画，这样才能真正达到各自的神妙境界。

舞蝶游蜂，忙中之闲，闲中之忙；落花飞絮，景中之情，情中之景。

【译文】

蝴蝶到处飞舞和蜜蜂到处采蜜，可以说是悠闲中带着忙碌，忙碌中带着悠闲；花朵纷纷飘落和柳絮轻轻飞舞，可以说是景物中富有感情的东西，也是足以寄托感情的景色。

五夜[1]鸡鸣，唤起窗前明月；一觉睡醒，看破梦里当年。

【注释】

①五夜：即五更。

【译文】

五更时候的鸡叫声，似乎唤起了窗前的一轮明月；一觉睡醒，似乎看透了梦里的当年旧事。

想到非非想[1]，茫然天际白云；明至无无明[2]，浑矣台中明月。

【注释】

①非非想：佛教语，“非想非非想处天”的略语，意思是非有此非想，如存不存，如尽不尽，即不切实际的幻想。

②无无明：佛教语，表示没有“痴暗之心，体无慧明”，也就是明心见性，有真知灼见。

【译文】

思维到了缥缈玄奇的境地，就如天边白云飘拂，不知所终；参悟到了明心见性、真知灼见的境界，就如映入镜中的明月，虚实难分。

避暑深林，南风逗树；脱帽露顶，沉李浮瓜[1]；火宅炎宫，莲花忽迸[2]；较之陶潜[3]卧北窗下，自称羲皇上人，此乐过半矣。

【注释】

①沉李浮瓜：此语出自曹丕《与朝歌令吴质书》：“浮干瓜于清泉，沉朱李于寒水。”指夏天避暑的乐事。

②火宅炎宫，莲花忽迸：佛教语，火宅炎宫比喻充满众苦的尘世，莲花是成佛境界的象征。

③陶潜：即东晋诗人陶渊明。

【译文】

在茂密的树林中避暑消夏，南风轻轻地撩逗着树枝，脱下帽子，露出头顶，把甜瓜漂浮在山泉溪流之中，把李子浸在甘冽的泉水之中。在这烈日炎炎之中烦恼尘世，突然发现莲台浮现在眼前，心中顿时感到无比安详清净，比起陶渊明在北窗下高卧纳凉，自称是羲皇时代的人，这样的乐趣有过之而无不及。

霜飞空而漫雾，雁照月而猜弦。

【译文】

霜气飞升在空中，和烟雾弥漫在一起；大雁在月光下飞翔，似乎在测量着月亮的弦角。

既景华而凋彩，亦密照而疏明。若春隰之扬葩，似秋汉之含星。景澄则岩岫开镜，风生则芳树流芬。

【译文】

不仅景色华美艳丽、色彩错杂灿烂，而且阳光密集，光线疏朗。就像春天湿地里纷纷飞扬的花瓣，又像秋夜里天空中忽明忽暗的星辰。景色清新澄明，山洞好像打开的镜子一样折射出明亮的光线；微风轻轻吹拂，树木散发出沁人心脾的馨香。

类君子之有道，入暗室而不欺；同至人之无迹，怀明义以应时。一翻一覆兮如掌，一死一生兮若轮。①

【注释】

① 此语出自唐代诗人骆宾王的《萤火赋》。

【译文】

要像君子那样讲究道德和正义，在没有人的地方也不会自欺欺人；

如同超凡脱俗、达到无我境界的人那样来无踪去无迹，心怀圣明的道义等待清明的时势。一翻一覆就像手掌摆动一样，一死一生就像车轮转动一样。

卷五　素

袁石公[1]云：长安风雪夜，古庙冷铺中，乞儿丐僧，齁齁如雷吼；而白髭老贵人，拥锦下帏，求一合眼不得。呜呼！松间明月，槛外青山，未尝拒人，而人人自拒者何哉？集素第五。

【注释】

① 袁石公：明代文学家袁宏道，字中郎，号石公，湖北公安人，与他的兄长宗道、弟弟中道合称三袁，提倡“不拘格套，独抒性灵”，是晚明公安派的重要代表人物。

【译文】

袁宏道先生说过：风雪交加的夜晚，在长安古老的寺庙和清冷的店铺投宿，行乞的人与游方的僧人，依然可以沉沉地入睡，呼噜声犹如雷吼；可是胡须花白的富贵之人，盖着锦绣被子，放下华丽的帷幕，想合眼小睡一会儿也不能如愿。唉！松间高高悬挂的明月，门外如画的青山，并没有拒人于千里之外，可是大家都把自己排除在美丽的景色、自在的生活之外，这是什么原因呢？于是编纂了第五卷，命名为“素”。

田园有真乐，不潇洒终为忙人；诵读有真趣，不玩味终为鄙夫；山水有真赏，不领会终为漫游；吟咏有真得，不解脱终为套语。

【译文】

生活在田园之中有真正的乐趣，但如果不能潇洒地放下人世间那些尘俗之事，那么终究还是个整天忙忙碌碌的人；诵读诗书能够获得真正的旨趣，如果不能静下心细细体味，那么终究还是个粗俗浅陋的人；山水林泉中有真正令人流连忘返的景致，如果不能用心去领会，那么终究是漫不经心的游玩；吟诗作赋有真正的收获，如果不能从苦恼的尘世中解脱、得到自在，那么终究会落入俗套。

居处寄吾生，但得其地，不在高广；衣服被吾体，但顺其时，不在纨绮；饮食充吾腹，但适其可，不在膏粱；燕乐修吾好，但致其诚，不在浮靡。

【译文】

住处是我赖以依托生命的地方，只要感到合适，不在乎是不是高楼大厦；衣服是用来遮蔽我身体的，只要顺从季节的变化，适时添减，不在乎是否名贵华丽；饮食是用来充饥的，只要适口就好，不在乎是不是山珍海味；宴饮宾客是为了与我的亲朋好友修好，只要内心真诚就好，不在乎是否挥霍奢侈。

披卷有余闲，留客坐残良夜月；褰帷无别务，呼童耕破远山云。

【译文】

披卷诵读有余暇的时候，就留下客人小坐，一起在月夜中畅饮清谈，直到明月西沉；早晨撩起帷帐，没有别的事，就呼唤童仆到那云雾缭绕的远山去耕田。

琴觞自对，鹿豕为群，任彼世态之炎凉，从他人情之反复。

【译文】

一个人饮酒弹琴，以鹿猪为伴，在山水林泉之中隐居，不去管世态的炎凉冷暖，不去理会人情世事的反复无常。

家居苦事物之扰，惟田舍园亭，别是一番活计。焚香煮茗，把酒吟诗，不许胸中生冰炭。客寓多风雨之怀，独禅林道院，转添几种生机。染翰挥毫，翻经问偈，肯教眼底逐风尘？

【译文】

在家中居住的时候，就苦于繁事杂务打扰了幽趣，只有生活在山间田舍、园中亭台之中，才能感受到别有一番情致；焚燃上等的檀香，烹饮上等的香茶，举杯饮酒，吟吟诗，填填词，不让胸中生发出像世俗凡人那样的冷暖炎凉的感觉。客居异地，心中常常会怀有风雨之忧、思念之情，只有到禅林道院寄居，才能增添些许生命的活力。时而以笔蘸墨，时而挥毫作文，时而翻阅经书，时而探问偈语，怎么能让眼睛追逐尘世间纷纷扰扰的东西？

茅斋独坐茶频煮，七碗[①]后气爽神清；竹榻斜眠书漫抛，一枕馀心闲梦稳。

【注释】

①七碗：此语出自唐代卢仝的《走笔谢孟谏议寄新茶》："……一碗喉吻润，二碗破孤闷，三碗搜枯肠，惟有文字五千卷；四碗发轻汗，平生不平事，尽向毛孔散；五碗肌骨清，六碗通仙灵；七碗吃不得也，唯觉两腋习习清风生。"

【译文】

在茅屋中静静地打坐，茶炉上不断烹煮着香茗，喝了七碗茶之后，顿时感到神志清爽，心情舒畅；斜靠着在竹榻上，不知不觉中进入梦乡，握在手中的书卷迷迷糊糊中散乱地抛在旁边，一枕春梦之后，心思闲适，梦境也安定平静。

带雨有时种竹，关门无事锄花；拈笔闲删旧句，汲泉几试新茶。

【译文】

下雨的时候，若有空闲就栽种竹子，关起门没有其他事要做的时候，就在庭院中给花圃锄草；有闲空的时候，就拿起笔来删改以前写的诗句，汲来甘泉，烹煮新制的香茶。

为市井草莽之臣，早输国课；作泉石烟霞之主，日远俗情。

【译文】

身处在市井之内、草莽山林的人，就得及时缴纳国家赋税；居住在山水烟霞中的隐士，时间长了就会远离世俗的情感。

覆雨翻云何险也，论人情只合杜门；吟风弄月忽颓然，全天真且须对酒。

【译文】

世上的事情就像翻云覆雨一样何等险恶，若以人情世理论事，只能闭门谢客不问世事；玩弄风月，何等风流，也不免忽而颓然叹息，要保持天真本性，只有对酒当歌，及时行乐。

春初玉树①参差，冰花错落，琼台②奇望，恍坐玄圃罗浮③。若非黄昏月下，携琴吟赏，杯酒留连，则暗香浮动、疏影横斜④之趣，何能有实际⑤？

【注释】

① 玉树：白雪覆盖的树。

② 琼台：华丽的楼台。

③ 玄圃：传说中昆仑山顶的神仙居处，有五所金台，十二座玉楼。罗浮：山名，在广东东江北岸，风景优美。相传罗山西面有一座浮山，是蓬莱岛的一座小山，从海上漂浮到这里，与罗山并在一起。晋代道士葛洪曾来过这里，道教将罗浮山列为第七大洞天。

④ 暗香浮动、疏影横斜：此两句出自宋代林逋的《山园小梅》："疏影

横斜水清浅，暗香浮动月黄昏。”

⑤ 实际：佛家语，指“真如”、“法性”境界，犹言实相。

【译文】

在初春的时候，被白雪覆盖的树木高低不齐，冰凌结成的花儿交杂纷乱，登上华丽的楼台眺望，恍然间仿佛来到了神仙居住的玄圃和罗浮山一样。如果不是在黄昏月光朦胧的时候，弹着琴瑟，吟咏诗歌欣赏美景，流连于酒气之中，那么暗香浮动、疏影横斜这种诗句中的意境幽趣，怎么能够成为实际的存在，让人身临其境呢？

性不堪虚，天渊亦受鸢鱼之扰；心能会境，风尘还结烟霞之娱。

【译文】

如果本性无法理解静虚空灵的境界，那么即使在高远的天空或者是幽静的深渊也会受到飞鹰和游鱼的打扰；只要内心能够与自然环境和谐相应，那么即使在风尘滚滚的俗世也会享受到烟霞满目的愉悦。

身外有身，捉麈尾矢口，闲谈真如画饼；窍中有窍，向蒲团回心，究竟方是力田。

【译文】

身外有身，拿着麈尾沉默不语，随口所说的无关紧要的话就像是画中的饼不能充饥；窍中有窍，坐在蒲团上回心静虑，探索禅法的最高境界这才是真正的功夫。

桑林麦陇，高下竞秀，风摇碧浪层层，雨过绿云绕绕，雉雊春阳①，鸠呼朝雨②，竹篱茅舍，间以红桃白李，燕紫莺黄，寓目色相③，自多村家闲逸之想，令人便忘艳俗。

【注释】

① 雉雊春阳：野鸡在春天的阳光下啼叫。

② 鸠呼朝雨：斑鸠在下着雨的清晨呼唤同类。

③ 色相：佛教语，谓人或物一时呈现于外的形貌。

【译文】

桑林青翠而茂盛，麦陇一片碧绿，高低不齐，竞相争比秀丽之色，微风轻轻吹过，掀起一层又一层的碧浪，雨后之后，犹如绿云环绕一样；野鸡在春天的阳光啼叫，斑鸠在下着雨的清晨呼唤同类；竹篱和茅舍的旁边，都种满着红色的桃花和洁白的梨花，争相斗艳，紫燕和黄莺婉转地歌唱，美丽的景色一幕幕映入眼中，自然让人觉得这就是山村农家闲静安逸的生活风貌，一时间把浓艳庸俗的生活全都忘却了。

白云满谷，月照长空，洗足收衣，正是宴安①时节。

【注释】

① 宴安：宴，同“晏”。宴安即安逸快乐。

【译文】

白云悠悠充塞着山谷，明月浩浩悬挂在长空，濯洗了手足风尘，收回晾晒的衣物，此时正是安逸快乐的时光。

眉公居山中，有客问山中何景最奇，曰：雨后露前，花朝雪夜。又问何事最奇，曰：钓因鹤守，果遣猿收。

【译文】

陈眉公在山中隐居，有客人问他山里的景色最为奇妙的是什么，他回答说是雨后初晴、露生之前，百花盛开的春晨、大雪纷飞的冬夜。又问他最为奇妙的事情是什么，他回答说是垂钓时有仙鹤守卫在身旁代人看住鱼竿，采集果实时则派遣猿猴代为摘收。

溪响松声，清听自远；竹冠兰佩，物色俱闲。

【译文】

山溪的流水声音潺潺和林中的松涛声音飒飒，在很远的地方都能听得很清晰；戴竹编的帽子和身上戴着兰草编的佩饰，物品和人的神色两相悠闲安逸。

鄙吝一销，白云亦可赠客；渣滓尽化，明月自来照人。

【译文】

心中庸俗吝啬的念头消除了，那么可以摘取山中白云赠送客人；胸中的不纯正念头全都抛开，那么明月自然会高高地照映着你。

存心有意无意之妙，微云淡河汉；应世不即不离之法，疏雨滴梧桐。

【译文】

用心去体会有意无意之间的妙处，就好像淡淡的几片白云飘浮在浩瀚的银河中，不着痕迹；采取不即不离、非亲非疏的方法为人处世，就好像是点点疏雨打在梧桐叶上，若有若无。

肝胆相照，欲与天下共分秋月；意气相许，欲与天下共坐春风。

【译文】

赤诚相见，愿意将秋月的清光与天下人共同分享；志趣投合，愿意在温暖的春风中与天下人共同沐浴。

堂中设木榻四，素屏二，古琴一张，儒道佛书各数卷，乐天[①]既来为主，仰观山，俯听水，傍睨竹树云石，自辰至酉，应接不暇。俄而物诱气和，外适内舒，一宿体宁，再宿心恬，三宿后颓然嗒然，不知其然而然。

【注释】

① 乐天：唐代诗人白居易的字。

【译文】

在厅堂之中设有四张木榻，竖着两扇白色屏风，横放着一张古琴，儒、佛、道三教的各类经书，白居易来到这里成为主人之后，抬头望苍翠的群山，低头听潺潺的流水，屋子附近被翠竹、绿树、白云、奇石围绕，从早晨到夜晚，美丽景色千变万化，目光应接不暇。不一会儿心灵就被秀丽景物的熏染，感到心平气和，内外舒畅。在这里居住的话，住上一夜便感到身体舒适安宁，住上两夜便会感到心清神悦，住上三夜便可以达到颓然自如、物我相忘的境界，心中却不知道为什么会这样。

偶坐蒲团，纸窗上月光渐满，树影参差，所见非色非空，此时虽名衲敲门，山童且勿报也。

【译文】

偶尔在蒲团之上打坐参禅，月光逐渐洒满纸窗，窗上的树影参差不齐，所见既非事物本身，也非事物影像，已经进入非色非空、色即是空的佛境。这时候，即使有高僧大德前来登门拜访，童仆暂时不要禀报打扰。

会心处不必在远，翳然林水，便自有濠濮间想，不觉鸟兽禽鱼自来亲人。①

【注释】

① 此语出自《世说新语·言语》。翳然：遮盖，郁郁葱葱。濠濮间想：指庄子与惠施同游于濠梁之上，辩论鱼之乐的典故，比喻逍遥的乐趣。

【译文】

令人心旷神怡的地方不一定在远方，只要居住隐蔽的山林之中，便自然会产生一种怡然自得的乐趣，还会发现鸟兽禽鱼这些动物似乎有了灵性，主动来亲近你。

茶欲白，墨欲黑；茶欲重，墨欲轻；茶欲新，墨欲旧。[①]

【注释】

① 此语出自《高斋漫录》（明屠隆《考槃余事》、清陆廷灿《续茶经》引）。是司马光与苏轼谈论茶和墨的语句，原文最后一字“旧”作“陈”。

【译文】

茶色越白越好，墨色越黑越好；茶团越厚重越好，墨锭越轻巧越好；茶叶越新鲜越好，墨则越陈旧越好。

尘缘[①]割断，烦恼何处安身；世虑[②]潜消，清虚向此中立脚。

【注释】

① 尘缘：佛教语，与尘世的因缘。色、声、香、味、触、法为六尘，是染污净心，导致烦恼的根源。

② 世虑：世俗的思虑，即俗念。

【译文】

与尘世的因缘一旦彻底割断，烦恼哪里还有安身之地呢？俗念渐渐消除，心中自然会感到清净虚无。

檐前绿蕉黄葵，老少叶[①]，鸡冠花，布满阶砌，移榻对之，或枕石高眠，或捉麈清话，门外车马之尘，滚滚了不相关。

【注释】

① 老少叶：即老少年，别名雁来红，秋季开花，其叶脚深紫而顶部

纯红。

【译文】

在房檐前，种上绿色的芭蕉、黄色的葵花，还有老少年、鸡冠花等花卉，一盆一盆地放置在台阶庭院，移动坐榻面对各种花静静地欣赏，或者枕在石头上高卧熟睡，或者拿着麈尾清聊起来，门外容车马往来不绝，繁华热闹，也与自己一点关系都没有。

夜寒坐小室中，拥炉闲话，渴则敲冰煮茗，饥则拨火煨芋。

【译文】

在寒冷的夜里，在小屋中围坐在火炉边与朋友闲谈，口渴了就敲些冰块烹茶，饿了就拨开炭火烤山芋。

阿衡五就，那如莘野躬耕①；诸葛七擒，争似南阳抱膝②？

【注释】

①阿衡五就，那如莘野躬耕：《史记·殷本纪》曰："伊尹名阿衡……或曰伊尹处士，汤使人聘迎之，五反然后肯往从汤。"《孟子·万章》曰："伊尹耕于有莘之野，而乐尧舜之道焉。"

②诸葛七擒，争似南阳抱膝：七擒用蜀汉诸葛亮出征南中，七擒孟获的典故；"抱膝"一词可以参见《三国志·诸葛亮传》注引《魏略》："亮每晨夜从容，常抱膝长啸。"

【译文】

伊尹被商汤五次聘请才帮助他安邦定国，但这哪里能够和他躬耕于有莘之野之时的乐趣相比？诸葛亮七擒孟获，怎么能够和他隐居南阳时抱膝长啸的高雅生活相比？

饭后黑甜①，日中薄醉，别是洞天；茶铛酒臼，轻案绳床，寻常福地②。

【注释】

① 黑甜：指酣睡。苏轼《发广州》诗曰："三杯软饱后，一枕黑甜余。"自注曰："俗谓睡为黑甜。"

② 洞天、福地：道教称神仙居住的地方。

【译文】

吃饱饭之后就酣睡，在大白天喝醉酒，别是一种潇洒的神仙生活；煮茶用的锅，喝酒用的臼，轻巧的小桌、绳床，这些都是很常见的安乐居处。

净几明窗，一轴画，一囊琴，一只鹤，一瓯茶，一炉香，一部法帖；小园幽径，几丛花，几群鸟，几区亭，几拳石，几池水，几片闲云。

【译文】

窗户明亮，案几干净，屋内陈设着一幅古画，一张古琴，一只仙鹤，一瓯香茶，一炉名香，一部法帖；小径幽静，园子里有几丛花，几群鸟，几个亭台，几块怪石，几池清水，几片闲云。

花前无烛，松叶堪焚；石畔欲眠，琴囊可枕。

【译文】

倘若花没有蜡烛，就可以焚燃松叶来照明；假如倚着石旁想睡一觉，就可以把琴囊当作枕头。

流年不复记，但见花开为春，花落为秋；终岁无所营，惟知日出而作，日入而息。

【译文】

山间岁月让人容易忘记时光的流逝，只知道花开了就是春天，花落了就是秋天；一年到头没有其他赖以营生的活儿，只知道太阳升起就开始劳作，太阳下山就回家休息。

脱巾露顶，班文竹箨之冠[①]；倚枕焚香，半臂华山之服[②]。

【注释】

① 竹箨之冠：用竹皮制成的帽子。汉高祖早年曾戴竹皮做的帽子，成为皇帝后，仍然戴着这种帽子，世称刘氏冠。

② 华山之服：道士或者仙人的衣服。

【译文】

脱掉头巾，露出头顶，满头青丝，好像是带有花纹的竹皮做的帽子；靠着枕头焚烧檀香，闭目养神，好像身上所穿的就是仙人的衣裳。

谷雨前后，为和凝汤社[①]，双井白芽[②]，湖州紫笋[③]，扫臼涤铛，征泉选火，以王濛[④]为品司，卢仝[⑤]为执权，李赞皇[⑥]为博士，陆鸿渐[⑦]为都统。聊消渴吻，敢讳水淫；差取婴汤[⑧]，以供茗战[⑨]。

【注释】

① 和凝汤社：陶谷的《清异录》曰："和凝在朝，率同列递日以茶相饮，味劣者有罚，号为汤社。"和凝，五代须昌人，于后晋、后汉、后周做过官，做过左仆射、太子太傅，被封为鲁国公。

② 双井白芽：产于江西省修水县西双井的茶叶，是宋代名茶。

③ 湖州紫笋：产于浙江省湖州市长兴的茶叶，唐宋以来被历朝列为贡品。

④ 王濛：字仲祖，东晋晋阳人，喜好清议，擅长品评，喜欢饮茶，客人来了就用茶招待，人称"水厄"。

⑤ 卢仝：唐代诗人，号玉川子，著有《茶歌》(《走笔谢孟谏议寄新茶》)传世，影响很大，后世将他和茶神合祭。

⑥ 李赞皇：李德裕，字文饶，唐代赵州赞皇人。史书记载他精于品茶鉴水，特别喜欢惠山泉。

⑦ 陆鸿渐：陆羽字鸿渐，唐代复州竟陵(今湖北天门)人，著有《茶经》一书，被后世称为茶仙，供奉为茶圣，祭祀为茶神。

⑧ 婴汤：即婴儿汤，指茶水初沸时间的嫩汤。

⑨ 茗战：犹斗茶、品茶。

【译文】

谷雨前后正是摘取新茶的时候，像五代时的和凝一样举行茶会，用产于江西的双井白芽和产于浙江的湖州紫笋等上等好茶，打扫干净杵臼，清洗好茶铛，汲取甜美的泉水，选择好的木炭，让历史上著名的茶人王濛来当品司，让卢仝来当执权，李德裕来当茶博士，陆鸿渐来当都统，大家聚在一起品茶，暂且以解渴，避讳不谈水厄，取出茶水初沸时的嫩汤，以供斗茶。

窗前落月，户外垂萝，石畔草根，桥头树影，可立可卧，可坐可吟。

【译文】

窗前明月高挂，门外藤萝低垂，石头旁的草根蔓延开来，桥边的树影碎落一地，面对这样的景色，可以站立欣赏也可以躺着仰望，可以端坐凝注也可以吟诗赞美，一切随心适意。

亵狎易契，日流于放荡；庄厉难亲，日进于规矩。

【译文】

轻慢无礼的人容易相处投合，但交往日久会使自己越来越放荡轻佻；庄重严厉的人不容易亲近，但交往之后会使自己越来越守规矩。

甜苦备尝好丢手，世味浑如嚼蜡；生死事大急回头，年光疾如跳丸。

【译文】

人生的酸甜苦辣都自己经历后，才可以远离尘世，世间百味简直就像嚼蜡一样淡乎寡味；和生死相关的事情非常重大，应该早点回头是岸，时光就像抛出的弹丸一样，稍纵即逝。

宇宙以来，有治世法，有傲世法，有维世法，有出世法，有垂世法。唐虞垂衣[①]，商周秉钺[②]，是谓治世；巢父洗耳[③]，裘公瞋目[④]，是谓傲世；首阳轻周[⑤]，桐江重汉[⑥]，是谓维世；青牛度关[⑦]，白鹤翔云[⑧]，是谓出世。若乃鲁儒一人[⑨]，邹传七篇[⑫]，始为垂世。

【注释】

① 唐虞垂衣：尧帝陶唐氏与舜帝有虞氏以道德教化民众。

② 商周秉钺：商周两代以礼乐治理国家。秉钺，手中拿着象征权力的礼乐重器。

③ 巢父洗耳：巢父、许由都是上古时代的著名隐士，尧帝任命许由为九州长，许由听了之后，感到受到污染，跑到颍水边洗耳。巢父正牵牛着饮水，责怪许由洗耳污染了牛口，于是牵着牛到上流饮水。

④ 裘公瞋目：晋皇甫谧《高士传·披裘公》载：裘公，吴国人。延陵季子外出，看见路上有别人丢失的金子。裘公刚好披着羊皮袄砍柴归来，延陵季子对他说："你把地上的金子捡起来。"裘公把镰刀扔到地上，怒眼对着延陵季子说："你地位那么高，为什么眼光那么肤浅？我五月天穿着羊皮袄砍柴，难道是捡人家丢失的金子的人吗？"

⑤ 首阳轻周：用伯夷、叔齐的典故。伯夷和叔齐是商末孤竹国君的儿子，周武王讨伐纣王，二人拦马劝阻，周朝灭商朝后，以做周朝的百姓为耻，不食周朝的米粟，隐居在首阳山，采薇这种山菜充饥，最后饿死。

⑥ 桐江重汉：用东汉严光的典故。严光字子陵，与光武帝刘秀一起游学。后来到桐江隐居，拒绝光武帝的征召。但严光此次举动也成就了刘秀礼敬贤德之人的美名。

⑦ 青牛度关：刘向《列仙传》曰："老子西游，关令尹喜望见紫气浮关，而老子果乘青牛而过也。"

⑧ 白鹤翔云：传说汉代辽东人丁令威，在灵虚山学道成仙，后来变成

一只鹤回到故乡，落在城门华表柱上，发出人声："有鸟有鸟丁令威，去家千年今始归。城郭如旧人民非，何不学仙冢累累。"

⑨ 鲁儒一人：即孔子。

⑫ 邹传七篇：指孟子及其著作《孟子》。孟子名轲，战国时邹国人。《孟子》一书由其弟子纂辑，共有七篇。

【译文】

自开天辟地有人类社会以来，就有治世之法，有傲世之法，有维世之法，有出世之法，有垂世之法。尧弟和虞帝无为而治、以道德教化天下，商朝和周朝以礼乐治理国家，这都是治世之法；巢父牵牛、许由洗耳以树立高洁声名，裘公怒目批评延陵季子、不取道中遗金，这都是傲世之法；伯夷和叔齐在首阳山隐居，以做周朝的百姓为耻，不食周朝的米粟，严光拒绝汉光武帝的征召，在桐江隐居，这都是维世之法；老子骑青牛西游出关，丁令威成仙化鹤回到世间，这都是出世之法；而像鲁国的大儒孔子留下《春秋》一书，邹人孟子写下七篇传世之作，才可以称作垂世之法。

书室中修行法：心闲手懒，则观法帖，以其可逐字放置也；手闲心懒，则治迂事，以其可作可止也；心手俱闲，则写字作诗文，以其可以兼济也；心手俱懒，则坐睡，以其不强役于神也；心不甚定，宜看诗及杂短故事，以其易于见意，不滞于久也；心闲无事，宜看长篇文字，或经注，或史传，或古人文集，此又甚宜风雨之际及寒夜也。又曰：手冗心闲则思，心冗手闲则卧，心手俱闲则著作书字，心手俱冗则思早毕其事，以宁吾神。

【译文】

书房中修行的方法有：内心空闲双手慵懒的时候，就欣赏名家法帖，因为它是逐字放置的，不须要经常动手；双手空闲内心慵懒的时候，就从事不急于做的事情，因为可以做也可以停下来；内心和双手都空闲的时候，就写写字作作诗文，因为这样使得内心和双手都得到利用；内心和双手都慵懒的时候，就坐着入睡，因为这样不会使得精神受到强制；内心不太安定的时候，适宜赏读诗词及短小而杂的故事，因为这些东西含义很容易理解，不必像看大部头的书那样等到最后才能理解；心闲无事的时候，就适宜赏读长篇文字，或者是经书的注解，或者是史书传记，或者是古人的文集，这种阅读又非常适合风雨交加的日子或者寒冷的长夜。另外有人说：双手繁忙内心空闲就凝神思考，内心繁忙双手空闲的时候就躺下休息，内心双手都空闲就著书立说、练习书法，内心双手都繁忙的时候就思索怎么样尽早完成此事，让自己精神安宁。

片时清畅，即享片时；半景幽雅，即娱半景，不必更起姑待之心。

【译文】

有片刻清静舒畅的时光，就要抓住这片刻时光，好好地享受；有半点幽静雅致的景色，就不要错过这半点景色，好好地欣赏。不必再有什么等一等再说的念头。

一室经行[①]，贤于九衢[②]奔走；六时[③]礼佛，清于五夜[④]朝天。

【注释】

① 经行：佛教语，佛教徒为了排遣郁闷，旋绕往返或径直来回于一定之地。

② 九衢：纵横交叉的大道。

③ 六时：佛教分一昼夜为六时，即晨朝、日中、日没、初夜、中夜、后夜六个时辰。

④ 五夜：一整夜，分为五更，称五夜。

【译文】

在屋子内往返经行，胜过在纵横交叉的道路上忙碌奔走；终日顶礼于佛，胜于整夜入朝觐见皇帝。

会意不求多，数幅晴光摩诘画[①]；知心能有几，百篇野趣少陵诗[②]。

【注释】

① 摩诘画：唐代诗人、画家王维的画，其字摩诘。

② 少陵诗：诗圣杜甫的诗，其号少陵遗老。

【译文】

令人心领神悟的东西不在数量的问题上，几幅王维山水画就足以让人领会晴天光明的画境；令人知心合意的东西不在数量的问题上，上百篇杜甫诗歌就足以让人领会野趣横生的诗味。

颇怀古人之风，愧无素屏之赐，则青山白云，何在非我枕屏？

【译文】

很怀恋和向往古人的风度，可惜没有人赠送白色的丝绢屏帐，那么面对青山白云，哪里不能作为我的枕头和屏帐呢？

江山风月，本无常主，闲者便是主人。

【译文】

大江、青山、清风、明月这些美好的景色，本来就没有固定的主人，只要悠闲从容，能够领会其中滋味的人，便可以成为它的主人。

入室许清风，对饮惟明月。

【译文】

进入室内的时候只有习习清风相随，举杯饮酒的时候只有明月相伴。

被衲持钵，作发僧行径，以鸡鸣当檀越[1]，以枯管当笻杖，以饭颗[2]当祇园[3]，以岩云野鹤当伴侣，以背锦奚奴[4]当行脚头陀，忘探六六奇峰[5]，三三曲水[6]。

【注释】

① 檀越：梵语音译，陀那钵底，施主。

② 饭颗：即饭颗山，相传为长安附近一座名山。李白《戏赠杜甫》曰："饭颗山头逢杜甫，头戴笠子日卓午。借问别来太瘦生，总为从前作诗苦。"后人用来表示诗作刻板平庸或诗人拘守格律或刻苦写作。

③ 祇园：即祇园精舍，佛祖释迦牟尼在舍卫国说法时与僧徒的居住之所。

④ 背锦奚奴：背着锦囊的书童。据史书记载，唐代诗人李贺每次出门都要带一书童，身背锦囊，把一路吟咏的诗句投入锦囊中。

⑤ 六六奇峰：指嵩山少林的三十六座山峰。

⑥ 三三曲水：指武夷山的九曲溪。

【译文】

身上穿着百衲衣，手里拿着钵盂，像剃发的僧人一样行乞化斋，把啼叫的鸡当作施主，把一段枯竹当作禅杖，把饭颗山当作祇园精舍，把云中野鹤当作伴侣，把身背锦囊的书童当作行脚头陀，忘情到嵩山少林三十六峰和武夷山的九曲溪云游。

山房置一钟，每于清晨良宵之下，用以节歌，令人朝夕清心，动念和平。李秃[1]谓：有杂想，一击遂忘；有愁思，一撞遂扫。知音哉！

【注释】

① 李秃：人名，不详，一说即李贽。

【译文】

在山中的房舍中悬挂一口钟，早晨和夜晚的时候，用来击打伴奏歌唱，可以让人早晚都心地清净、意念平和。李秃说：心中有杂念，钟一敲就忘却；心中有忧愁，钟一撞就扫光。李秃真可以说是钟声的知音啊！

潭涧之间，清流注泻，千岩竞秀，万壑争流，却自胸无宿物，漱清流，令人濯濯，清虚日来，非惟使人情开涤，可谓一往有深情。

【译文】

清澈的流水流淌在山涧与深潭之间，远望千座山岩像在争比秀丽，万道峡谷水流像在争先流动，此时胸中一点挂碍都没有；用清澈的水流洗脸涤足，令人感到清爽，清静虚空的感觉一阵一阵涌来，不仅使人襟怀舒展明朗，而且可以说是一往而有深情。

林泉之浒，风飘万点，清露晨流，新桐初引，萧然无事，闲扫落花，足散人怀。

【译文】

徘徊在树林下、山泉边，欣赏万点花絮随风飘动，感受清凉的朝露，聆听早晨的溪流，看春天的梧桐刚刚发芽，悠闲无事之时便打扫飘落满地的花絮，这些都足以使人襟怀开阔，心神怡然。

浮云出岫①，绝壁天悬，日月清朗，不无微云点缀，看云飞轩轩霞举②，踞胡床③与友人咏谑，不复滓秽太清④。

【注释】

① 岫：山洞、峰峦。

② 轩轩霞举：轩轩，仪态轩昂的样子、起舞的样子；霞举，云霞升起，也喻风度轩昂貌。

③ 胡床：又称交椅、交床，古代的一种折叠式的轻便坐具。

④ 太清：天空。亦指天道、自然。

【译文】

白云似从峰峦间飘浮出来,陡峭的山壁似从天空悬下,日月清净明亮,有几片白云浮现在日月周围,看白云涌动翻舞,彩霞升腾变化,与好朋友一起坐在胡床上吟咏嬉戏,不可说庸俗的话,做庸俗的事,以免污染大自然的美景。

只宜于着意处写意,不可向真景处点景。

【译文】

只可以把想象中的境界玄妙地描绘出来,不可以把真实的景色原原本本地描绘出来。

只愁名字有人知,涧边幽草;若问清盟谁可托,沙上闲鸥。

【译文】

只担心有人知道自己的名字,其实只有山涧旁边幽静的小草知道;如果问清静幽雅的事可以托付给谁,只有那沙滩上的悠鸥。

山童率草木之性,与鹤同眠;奚奴领歌咏之情,检韵而至。

【译文】

山童懂得草木的性情,陪同仙鹤一起睡觉;小奴领会唱歌吟咏之情,踏着韵律走来。

闭户读书,绝胜入山修道;逢人说法,全输兀坐扪心。

【译文】

关起门来静心读书,绝对比入山修道好;碰到人就开口论道,还不如一个人打坐,参悟禅理。

砚田登大有[1]，虽千仓珠粟，不输两税之征[2]；文锦运机杼[3]，纵万轴龙文[4]，不犯九重之禁。

【注释】

① 砚田登大有：写诗作文大有所获。砚田，把砚比作田，用笔耕田，比喻写诗作文。大有，《周易》一卦名，意为大有所获，即收获丰盈。

② 两税之征：古代所征收田赋、丁税，合称两税；又分夏天和秋天两季进行征收，称夏税、秋粮。

③ 机杼：本指织布机，此处引申为诗文创作中的新巧构思和布局。

④ 龙文：本指龙形花纹，这里指华丽的辞藻。

【译文】

在砚台这块田地笔耕不辍，收获丰盈，虽然拥有千仓粮粟和金银珠宝，也不用缴纳田赋、丁税；写作文章就像用机杼织布，纵然织成上万轴带有龙凤纹饰的布匹（也就是写出华丽的文章），也不触犯朝廷的禁律法令。

步明月于天衢[1]，揽锦云于江阁。

【注释】

① 天衢：天路，比喻高山之上的道路。

【译文】

在高山小路踏着明月漫步，在江上阁楼观赏漫天彩云。

幽人清课，讵但啜茗焚香；雅士高盟，不在题诗挥翰。

【译文】

隐士每天做一些清雅的事情，难道只有品茶焚香才是清雅之事吗？清雅之士聚会的时候，难道就只能题诗作画。

以养花之情自养，则风情日闲；以调鹤之性自调，则真性自美。

【译文】

以养花的情趣来修身养性，那么心态情怀就会日益悠闲；以驯养野鹤的方法来调适心性，那么真实本性自然会更美好。

热汤如沸，茶不胜酒；幽韵如云，酒不胜茶。茶类隐，酒类侠；酒固道广，茶亦德素。①

【注释】

① 此语出自陈继儒的《茶董序》。

【译文】

热汤的汤如煮沸的水，所以茶比不上酒；而论其幽静之韵如白云，那么酒比不上茶。酒就像侠客，而茶就像隐士；酒的功效固然很大，而茶的德行也素净淡泊。

老去自觉万缘都尽，那管人是人非；春来倘有一事关心，只在花开花谢。

【译文】

到了年老的时候，就会觉得跟尘世间的各种因缘都断绝了，哪里还去理会人间的是是非非；春天来临的时候，如果说还有一件事要关心的话，那就是只在乎花开花落。

宠辱不惊，闲看庭前花开花落；去留无意，漫随天外云卷云舒。

【译文】

不把荣宠耻辱放在心上，悠闲地看着庭前花儿有的开放有的飘落；毫不在意自己的去留问题，任意随着天上的白云时而卷起时而消散。

斗室中万虑都捐，说甚画栋飞云，珠帘卷雨[1]；三杯后一真自得，谁知素弦横月，短笛吟风。

【注释】

[1] 画栋飞云，珠帘卷雨：此语化用自唐代王勃的《滕王阁诗》："画栋朝飞南浦云，珠帘暮卷西山雨。"

【译文】

身居狭小的房间之中，各种各样的思虑全都抛开，哪里还需要画栋飞云、珠帘卷雨那样的美景？三杯浊酒饮下去，天真之趣自然涌上心头，哪里还需要去月下弹琴、风中吹笛呢？

得趣不在多，盆池拳石间，烟霞具足；会景不在远，蓬窗竹屋下，风月自赊。

【译文】

幽趣的获得与多少没有关系，像盆子一样大的水池，像拳头一样大的奇石，山水烟霞之趣都能够在其中找到；观赏景色不必在乎远近，蓬草编织的窗户，竹子环绕的小屋，其中的清风明月也令人怡然自得。

会得个中趣，五湖之烟月尽入寸衷；破得眼前机，千古之英雄都归掌握。

【译文】

能够真正领会天地之间的情趣，那么五湖四海的山川景色便可以纳入我的心中；能够真正识破眼前事物的关键，那么古往今来的英雄豪杰都可以被我掌握。

细雨闲开卷，微风独弄琴。

【译文】

蒙蒙细雨中，悠闲地打开书来读；习习清风中，独自弹琴抚弄一曲。

水流任意景常静，花落虽频心自闲。

【译文】

流水潺潺地自然流动，而景色却格外幽静；花絮尽管纷纷坠地，而内心却悠然自在。

半轮新月数竿竹，千卷藏书一盏茶。

【译文】

屋外半轮新月映照着数竿竹影，室内藏有千卷诗书一封好茶。

偶向水村江郭，放不系之舟；还从沙岸草桥，吹无孔之笛。

【译文】

偶尔到渔村的水边、城郭的江边放开没有纤绳的小舟，任其自由漂流；又在堆满白沙的岸边、野外的草桥之上，放声吹起没有笛孔的芦苇管子。

物情以常无事为欢颜，世态以善托故为巧术。

【译文】

万物之情，最快乐的是做到清静无事；世间人情，最高的妙术是善于请托。

善救时若和风之消酷暑，能脱俗似淡月之映轻云。

【译文】

能够成功挽救时势，就像和煦的清风消除酷暑的炎热那样自然畅通；能够超凡脱俗，就好像淡淡的月光映照轻飞的云彩那样高洁清雅。

廉所以惩贪，我果不贪，何必标一廉名，以来贪夫之侧目；让所以息争，我果不争，又何必立一让名，以致暴客之弯弓。

【译文】

提倡廉洁是为了严治贪婪之风，我若不贪婪，为何要树立廉洁的声名，从而招致贪婪之人愤怒对视呢？提倡礼让是为了平息争乱，我若不与人竞争，为何要树立礼让的声名，从而招致那些暴恶之徒的怨恨报复呢？

曲高每生寡和之嫌，歌唱须求同调；眉修①多取入宫之妒，梳洗切莫倾城②。

【注释】

① 眉修：眉毛修长，形容美丽。此句比喻有才华遭遇嫉妒。

② 倾城：《汉书·外戚传》记载李延年一首诗："北方有佳人，绝世而独立；一顾倾人城，再顾倾人国。宁不知倾城与倾国，佳人难再得。"

【译文】

曲调太过高雅，往往能跟着唱的人就比较少，歌唱需要求得大家都能唱和的音调；眉毛修长，容貌漂亮，就容易招致选秀入宫那样的嫉妒，因此打扮切莫过于漂亮，以免引来灾祸。

随缘便是遣缘，似舞蝶与飞花共适；顺事自然无事，若满月偕盆水同圆。

【译文】

凡事顺应机缘、任其自然便是操纵机缘，就像飞舞的蝴蝶和纷飞的花絮一样适合自然；顺应机缘去行事自然就不会发生什么意外，就像十五夜的月亮与一盆水一样都是圆的。

耳根似飚谷投响，过而不留，则是非俱谢；心境如月池浸色，空而不着，则物我两忘。

【译文】

耳根要像狂风在山谷间吹拂作响一样，过后没有留下什么，那么是是非非就也跟着消失；内心要像月光映入池塘，丝毫没有着色，那么就能达到超脱尘世、物我两忘的境界。

心事无不可对人语，梦寐俱清；行事无不可使人见，则饮食俱稳。

【译文】

心中所想的事没有什么不能对人说起的，那么睡梦中都会感到清静安宁；所做的事情没有什么不能让人知道的，那么日常生活都会感到安稳悠闲。

卷六　景

结庐松竹之间，闲云封户；徙倚青林之下，花瓣沾衣。芳草盈阶，茶烟几缕；春光满眼，黄鸟一声。此时可以诗，可以画，而正恐诗不尽言，画不尽意，而高人韵士，能以片言数语尽之者，则谓之诗可，谓之画可，则谓高人韵士之诗画亦无不可。集景第六。

【译文】

在青松翠竹之间构筑茅屋隐居起来，悠闲的白云似乎封锁住了门户；独自一个人在青翠茂密的森林之下流连徘徊，飘飞的花瓣落在衣衫上。青青的芳草长满台阶，烹茶的炊烟袅袅升起；春天的景色映入眼中，目不暇接，黄鸟叫声清脆动听。面对这样的美景，可以吟咏诗词，可以绘画抒情，怕的是诗不能完整表达这种意境，画不能描绘出这种韵味。而那些超脱世俗的淡泊清雅士人，能够用简短的几句话充分表达这种意境，这些话可以说是诗，也可以说是画，就算说是淡泊清雅士人的诗画，也是可以的。于是编纂了第六卷，命名为“景”。

花关曲折，云来不认湾头；草径幽深，落叶但敲门扇。

【译文】

曲曲折折的关山开满鲜花，悠悠飘来的白云也认不清何处是转弯的路口；幽远深长的小径长满了芳草，树叶随风飘落，似乎要去敲开虚掩的柴门。

细草微风，两岸晚山迎短棹①；垂杨残月，一江春水送行舟。

【注释】

① 短棹：借指小船。棹，本指划船用的小桨，这里指代小船。

【译文】

黄昏的时候，微风吹拂，细草轻轻舞动，夕阳照射下的两岸山峦似乎在等候即将归来的小船；黎明的时候，杨柳依依，残月西沉，一江春水盈盈可人，似乎在送别远去他方的小舟。

草色伴河桥，锦缆晓牵三竺[①]雨；花阴连野寺，布帆晴挂六桥[②]烟。

【注释】

① 三竺：浙江省杭州市灵隐山飞来峰东南的天竺山上，有上天竺、中天竺、下天竺三座寺庙，合称三天竺，简称三竺。

② 六桥：映波、锁澜、望山、压堤、东浦、跨虹六桥，均在杭州西湖，是苏轼在杭州任知府时开始建的。

【译文】

河上的小桥和碧绿的草色相映成趣，天快亮的时候，锦绣的船绳似乎把三竺的细雨牵引到了湖上；野外的寺院附近长满了鲜花，晴天的时候，只见云烟飞过六桥，小船也挂着布帆缓缓前行。

闲步畎亩间，垂柳飘风，新秧翻浪，耕夫荷农器，长歌相应，牧童稚子，倒骑牛背，短笛无腔，吹之不休，大有野趣。

【译文】

悠闲地在田野之间漫步，青青垂柳在清风中悠悠飘动，新插的稻秧掀起一层又一层的绿浪；农夫们肩扛着农具下田耕作，边劳作边高歌，一唱一和；牧童倒骑在牛背上，吹起短笛，虽然没有标准的腔调，却怡然陶醉地吹个不停。眼前这一幕田园风光富含山野的情趣。

夜阑人静，携一童立于清溪之畔，孤鹤忽唳，鱼跃有声，清入肌骨。

【译文】

夜深人静的时候，在小童的陪同下来到清澈的小溪旁边，听见远方忽然传来孤鹤悠长的鸣叫声，只见水底的鱼儿不时跃出水面，让人感到一股清幽之气透彻肌骨。

垂柳小桥，纸窗竹屋，焚香燕坐，手握道书一卷，客来则寻常茶具，本色清言，日暮乃归，不知马蹄①为何物。

【注释】

① 马蹄：比喻性情受到束缚。

【译文】

听着小桥边的垂柳随风飘动，身处竹屋内，打开用纸糊的窗户，焚烧檀香，悠然静坐，手里握着一卷道书，细细品读。有客人拜访的时候，就用平常的茶具烹茶热情招待，所畅谈的都是与世俗无关的话，一直聊到太阳下山才归去。以这种悠然的方式生活，自己的性情从未受到束缚。

天气晴朗，步出南郊野寺，沽酒饮之。半醉半醒，携僧上雨花台①，看长江一线，风帆摇拽，钟山②紫气，掩映黄屋③，景趣满前，应接不暇。

【注释】

① 雨花台：地名，在南京市南。相传南朝梁武帝时，云光法师在此讲经，诸天各色香花如雨，纷纷下坠，故名。

② 钟山：紫金山，在今南京市东。

③ 黄屋：指宫殿。

【译文】

天气放晴的时候，散步到南京城南郊的野寺，从市中买来酒畅饮。喝到半醉半醒的状态，陪同道行高深的和尚一起登上雨花台，眺望天际的长江如一条衣带横置大地，江上船只飞梭，布帆在风中摇曳；远望钟山气势巍巍，云烟缭绕，掩映于花里的宫殿之上。映入眼中的都是美景和幽趣，令人目不暇接。

净扫一室，用博山炉[①]，爇沉水香[②]，香烟缕缕，直透心窍，最令人精神凝聚。

【注释】

① 博山炉：古香炉名。

② 沉水香：沉香，以沉香木的脂膏制成，凝结为块，入水能沉，故名。

【译文】

把居室打扫得干干净净，在博山炉点燃起沉水香。缕缕香烟腾空飞升，清淡的香味透入心间，最能使人万虑俱消，精凝神聚。

每登高丘，步邃谷，延留燕坐，见悬崖瀑流，寿木垂萝，閟邃岑寂之处，终日忘返。

【译文】

每次攀登高山，到幽谷探访的时候，身体累了就停下休息、悠然安坐，只见瀑布从悬崖间飞流直下，古老的树木垂着各种藤萝，身置于如此异常幽深、寂静的地方，确实令人流连忘返。

每遇胜日有好怀，袖手哦古人诗足矣。青山秀水，到眼即可舒啸，何必居篱落下，然后为己物。

【译文】

每次遇到风光美好的日子，心情就特别愉快，这时把手藏在袖子中陶醉地吟咏古人的诗句就足够了。青葱的山岭、灵秀的江水等美景映入眼帘就令人舒心地高歌狂啸，为什么一定住在自己的篱落之下，认为屋前屋后的风景才是可供自己欣赏的美景呢！

柴门不扃，�帘半卷，梁间紫燕，呢呢喃喃，飞出飞入，山人以啸咏佐之，皆各适其性。

【译文】

打开柴门，卷起竹帘，聆听巢居于梁间的燕子呢呢喃喃的声音，观看燕子欢快地飞出飞入，隐居在这里的人不时长啸、不时吟咏，与燕子一唱一和，真是各自顺自己的天性，任其自然。

风晨月夕，客去后，蒲团可以双跏；烟岛云林，兴来时，竹杖何妨独往？

【译文】

微风吹拂的早晨或明月皎洁的夜晚，在客人离开之后，可以在蒲团上结跏打坐；烟雾缭绕的海岛或云气缥缈的山林，兴致来的时候，何妨拄着竹杖独自到其间游玩呢？

三径[①]竹间，日华澹澹，固野客之良辰；一偏窗下，风雨潇潇，亦幽人之好景。

【注释】

① 三径：赵岐《三辅决录·逃名》曰："蒋诩归乡里，荆棘塞门，舍中三径，不出，唯求仲、羊仲从之游。"后指代归隐者的家园。陶渊明《归去来兮辞》曰："三径就荒，松菊犹存。"

【译文】

竹林环绕着归隐者的家园，阳光照射在林间，竹影摇曳，这确实是山野之客的美好时光；倚靠在小窗之下，欣赏着屋外的潇潇风雨，这确实是隐士的美好风景。

乔松十数株，修竹千余竿。青萝为墙垣，白石为鸟道。流水周于舍下，飞泉落于檐间。绿柳白莲，罗生池砌。时居其中，无不快心。

【译文】

屋前屋后被十数棵高大的松树和千余根修长的竹子环绕。将青青的藤萝种在屋子周围当成墙垣，将白白的石子铺成弯曲狭窄的小径。清澈的溪水从屋前流过，飞泉滴滴答答地自屋檐之间落下。石砌的池塘四周种满翠绿的柳树，清池之中长满洁白的莲花。住在这样诗意的环境之中，没有不令人惬意舒心的。

筑室数楹，编槿[①]为篱，结茅为亭，以三亩荫竹树栽花果，二亩种蔬菜，四壁清旷，空诸所有。蓄山童灌园薙草，置二三胡床[②]着亭下，挟书剑伴孤寂，携琴弈以迟良友，此亦可以娱老。

【注释】

① 槿：木名，即木槿，一种落叶灌木，夏秋开花，可供观赏兼作绿篱。

② 胡床：又名交床、交椅、绳床，一种折叠式的轻便坐具。

【译文】

筑建几间房舍，用木槿编成篱笆，用茅草搭成亭子，用三亩被竹林围绕的空地来栽种花果，二亩地种上蔬菜，家中四壁空旷，没有什么东西。雇用几个山童到园圃浇水除草，自己则在亭下放置两三张胡床，在此处阅读诗书、舞弄刀剑以打发孤寂，携带古琴和围棋等待好友前来弹琴下棋，这也是可以安享晚年的生活方式。

一径阴开，势隐蛇蟺[1]之致，云到成迷；半阁孤悬，影回缥缈之观，星临可摘。

【注释】

①蟺：蜿蟺，又称曲蟺，即蚯蚓。这里的“蛇蟺之致”，指小径曲折萦回的景象。

【译文】

一条小路，若隐若现，就好像蛇和蚯蚓一样曲折萦回，云雾升腾的时候，便朦朦胧胧看不见路了；半座亭阁，高高地悬置在山顶上，就好像是缥缈仙境中的奇观，站在那里，似乎伸手能够摘取天上的星辰。

几分春色，全凭狂花疏柳安排；一派秋容，总是红蓼白蘋妆点。

【译文】

安排春色几分，全是百花盛开、疏柳婆娑的缘故；妆点秋景一派，全是蓼草红艳、蘋花洁白的功劳。

南湖水落，妆台之明月犹悬；西廓烟销，绣榻之彩云不散。

【译文】

南边湖上的潮水退去的时候，妆台前的相思女子难以成眠，清醒得像高空悬挂的明月；西边旷野的云烟散尽的时候，绣榻旁的相思女子难以入睡，忧愁得像天边凝结的愁云，

秋竹沙中淡，寒山寺里深。

【译文】

种在沙土之上的秋竹显得十分苍白，藏有古寺的寒山显得格外幽深。

野旷天低树，江清月近人。①

【注释】

① 此句出自唐代诗人孟浩然的《宿建德江》，前两句为“移舟泊烟渚，日暮客愁新”。

【译文】

空旷的原野上天幕低垂，似乎压在树林梢头；清澈江水中倒映着月亮，月亮似乎距离人不远。

潭水寒生月，松风夜带秋。

【译文】

明月升起时，月光倒映在深潭的水面上，寒气袭人；清冷的夜晚，风吹着松树呼呼作响，秋意渐生。

春山艳冶如笑，夏山苍翠如滴，秋山明净如妆，冬山惨淡如睡。

【译文】

春日山野百花争艳，好似一个女子妩媚地微笑；夏日山野苍翠，好似一个女子垂泪欲滴；秋日山野明朗洁净，好似一个女子打扮一新；冬日的山野草枯叶落，好似一个女子慵懒沉睡。

眇眇乎春山，澹冶而欲笑；翔翔乎空丝，绰约而自飞。

【译文】

幽远迷蒙的春山，好比一个恬静美丽的女子害羞得似笑非笑；空中轻飞的游丝，好比一只姿态柔媚的燕子自由自在地飞翔。

密竹轶云，长林蔽日，浅翠娇青，笼烟惹湿。构数椽其间，竹树为篱，不复葺垣，中有一泓流水，清可漱齿，曲可流觞[①]，放歌其间，离披蒨郁，神涤意闲。

【注释】

①流觞：古代风俗，每逢三月上旬的巳日，在水滨集会宴饮，以祓除不祥，称为修禊。后来演变为在水上放杯子，顺水流动，杯子停留就喝掉，称为曲水流觞。

【译文】

茂密的竹园耸入云端，高高的树林遮蔽了阳光，眼前一片浅浅的翠绿色和娇嫩的青色，烟雾缭绕，空气湿润清新。在这优美的树林中搭建几间茅屋，以竹子和树木作为篱笆，不用再修砌墙垣，园中还有一泓流水，清澈干净，可以用来洗脸漱口，弯弯曲曲，可以流放酒杯，在这里放怀高歌，草木郁郁葱葱而生长散乱，使人神清气爽，仪态悠然。

抱影寒窗，霜夜不寐，徘徊松竹下，四山月白，露坠冰柯，相与咏李白《静夜思》，便觉冷然，寒风就寝，复坐蒲团，从松端看月，煮茗佐谈，竟此夜乐。

【译文】

在寒窗下独自抱膝，守着影子，夜深霜钟，难以入眠，于是到松树竹林之下漫步，看四周的青山暗淡，月光皎洁，露珠从冰冷的树枝上滴落，此时此景吟咏李白的《静夜思》绝句，自然会感到清冷孤寂，在寒风中入睡，又在蒲团上打坐，透过松树的顶端仰望明月，一边煮茶，一边畅谈，一直到天亮。

云晴叆叇[①]，石楚流滋[②]。狂飙忽卷，珠雨淋漓。黄昏孤灯明灭，山房清旷，意自悠然。夜半松涛惊飓，蕉园鸣琅窾坎之声[③]，疏密间发，愁乐交集，足写幽怀。

【注释】

① 叆叇：云气遮蔽太阳。

② 石楚流滋：房柱下的基石潮湿流水，天将降雨的征兆。石楚，即石础，房柱下的基石。

③ 鸣琅窾坎之声：敲击空心玉石的声音。琅，似珠玉的美石；窾坎，敲击空心物体。

【译文】

天气晴朗，但云雾仍然遮蔽着太阳，房柱下的基石潮湿欲滴。狂风忽然大吹，大雨倾下如注。黄昏的时候，点上一盏孤灯，灯光忽明忽灭，居住在山中房舍感到清新旷达，神情自若。夜深人静的时候，风吹松树呼呼作响，雨水敲打蕉叶发出的声音就像敲打空心玉石那样，时疏时密，不时从远处传来，使人或愁或乐，足以抒发隐藏在内心的情感。

四林皆雪，登眺时见。絮起风中[①]，千峰堆玉；鸦翻城角，万壑铺银。无树飘花，片片绘子瞻之壁[②]；不妆散粉，点点糁原宪之羹[③]。飞霰入林，回风折竹，徘徊凝览，以发奇思。画冒雪出云之势，呼松醪茗饮之景。拥炉煨芋，欣然一饱，随作雪景一幅，以寄僧赏。

【注释】

① 絮起风中：典故出自《世说新语·言语》："谢太傅寒雪日内集，与儿女讲论文义，俄而雪骤，公欣然曰：'白雪纷纷何所似？'兄子胡儿曰：'撒盐空中差可拟。'兄女曰：'未若柳絮因风起。'公大笑乐。"

② 子瞻之壁：苏轼在《念奴娇·赤壁怀古》这首词中所描绘的"乱石穿空，惊涛拍岸，卷起千堆雪"的赤壁景象。

③ 原宪之羹：形容原宪安贫乐道。原宪，孔子的弟子。

【译文】

登上高处眺望，只见树林被白茫茫的大雪覆盖着，莽莽苍苍。雪花就像春天的柳絮一样在风中舞动，座座山峰就如用白玉堆起似的；城角的寒鸦不停翻飞，万壑就像铺满了白银。雪花在树林中纷纷飞舞，片片雪花舞动这一幕就如苏轼所描绘的赤壁景象；没有梳妆打扮，却又有粉末散落，一点一点的雪粒好比原宪的藜羹之糁。朵朵飞散的雪花落入林中，回旋的狂风把竹子折断，在这样的环境中徘徊观赏，能够触发奇思妙想。描画冒雪从云中飞出的气势，呼唤童子端出松酒、烹煮茗茶的情景。围着火炉取暖，用火烤山芋，开开心心把肚子填饱。然后随心地描绘一幅雪景图，赠送给高僧观赏。

孤帆落照中，见青山映带，征鸿回渚，争栖竞啄，宿水鸣云，声凄夜月，秋飚萧瑟，听之黯然，遂使一夜西风，寒生露白。

【译文】

在斜阳下，有一只小船驶向了天边，但见两岸青山暗淡如黛，如同弯曲的绸带，长途迁徙的大雁飞回小洲上，争抢栖息的地方，夺取食物，在水边休息，在云中啼叫，凄厉的声音使得深夜的明月倍添悲凉之意，萧瑟的秋风听来令人感伤沮丧，于是经过一夜的西风，寒冷之气顿生，露珠开始泛白。

万山深处，一泓涧水，四周削壁，石蹬崭岩，丛木蓊郁，老猿穴其中，古松屈曲，高拂云巅，鹤来时栖其顶。每晴初霜旦，林寒涧肃，高猿长啸，属引清风，风来鹤唳，嘹呖惊霜，闻之令人凄绝。

【译文】

在群山的深处流淌着一泓涧水，周围都屹立着如刀削的悬崖峭壁，岩石间凿有石蹬，丛生的树木茂密浓郁，有老猿在洞穴中居住，古松盘曲生长着，挺拔地耸入云端，仙鹤不时栖息在树枝上。每当天气晴朗、霜气袭人的早晨，山林谷涧中就显得特别寒冷肃杀，山顶的猿猴凄厉地啼叫，伴随着清风阵阵，而狂风吹起的时候，仙鹤的鸣叫声嘹亮凄厉，惊彻了深秋的天空，听来让人感到十分凄凉。

春雨初霁，园林如洗，开扉闲望，见绿畴麦浪层层，与湖头烟水相映带，一派苍翠之色，或从树梢流来，或自溪边吐出。支筇散步，觉数十年尘土肺肠，俱为洗净。

【译文】

春雨停后刚刚放晴的时候，园林就像被清洗过一样特别清新，打开柴门，悠闲地遥望屋外，只见绿油油的田野中翻滚着一层又一层的麦浪，与湖边烟水相映成趣，一派苍翠之色呈现在眼前，或许是从树的顶端流淌出来，或许是从溪水边涌动出来。此时此景，如果拄着竹杖去散步，会感到几十年来被尘俗世事污染的肺肠都被一洗而净。

杏花疏雨，杨柳轻风，兴到欣然独往；村落烟横，沙滩月印，歌残倏尔言旋。

【译文】

稀疏的雨水打落了杏花，温暖的微风吹拂着杨柳，兴致来的时候就一个人前去欣赏美景；傍晚的时候，村落的上空炊烟袅袅，明月洒落在沙滩上面，轻轻地哼唱着小曲，之后忽然归去。

赏花酣酒，酒浮园菊片三盏；睡醒问月，月到庭梧第二枝。此时此兴，亦复不浅。

【译文】

边赏花边饮酒，摘取园中的菊花放在酒杯中，一下子饮下三杯；睡醒之后要问月亮，月光已经照射在庭院梧桐树的第二枝上面。这个时候的兴致，真是颇高！

几点飞鸦，归来绿树；一行征雁，界破春天。

【译文】

天边几只飞翔的乌鸦,归来的时候在碧绿的树梢栖息;一行振翅远飞的大雁,冲上云霄,似乎破开了春日的天空。

看山雨后,霁色一新,便觉青山倍秀;玩月江中,波光千顷,顿令明月增辉。

【译文】

在雨后观赏山里的景色,天色晴朗光明,异常清新,青山更加显得秀美;在江中玩赏月色,千顷波光缓缓摇曳,顿时让明月也增添不少光辉。

楼台落日,山川出云。

【译文】

夕阳从楼台之上隐隐西沉,云雾从山川之中向上升起。

玉树之长廊半阴,金陵之倒景犹赤。

【译文】

被槐树围绕的长廊半处在阴凉之中,倒映在江中的金陵夜景依然呈现出赤红色。

小窗偃卧,月影到床,或逗留于梧桐,或摇乱于杨柳,翠华扑被,神骨俱仙,及从竹里流来,如自苍云吐出。

【译文】

在小窗之下仰面卧着,月光照满床上。之后月光移照到庭院里的梧桐树上,飘摇在杨柳之间,月光与苍翠的树影交相辉映迎面扑上床被,令人精神和身体感到像神仙一样逍遥快活,当月光透过茂密的竹子流泻出来时，又好像从苍云中吐出一样。

清送素蛾[1]之环佩，逸移幽士之羽裳，想思足慰于故人，清啸自纡于良夜。

【注释】

① 素蛾："素娥"，嫦娥的别称，月光洁白，故称为素娥。

② 羽裳：羽衣，隐士、道士或神仙所服。

【译文】

风吹着嫦娥的佩玉，送来阵阵清音，风摇曳着幽居之人的羽裳，显得十分飘逸。怀想思念足以慰藉老朋友，在夜深人静的时候尽情地呼啸，声音格外清亮。

篱边杖履送僧，花须列于角巾；石上壶觞坐客，松子落我衣裾。

【译文】

在竹篱旁边，拄着拐杖穿着草履，送别来访的僧人，花儿的毛须沾在头巾之上；坐在石板上，与客人喝酒清谈，松子不时掉落在衣衫之上。

远山宜秋，近山宜春，高山宜雪，平山宜月。

【译文】

到远山欣赏风景适宜在秋天，到近山欣赏风景适宜在春天，到高山欣赏风景适宜在雪天，到低山欣赏风景适宜在月夜。

珠帘蔽月，翻窥窈窕之花；绮幔藏云，恐碍扶疏之柳。

【译文】

珠帘低垂，遮蔽了明亮的月光，轻轻卷起珠帘欣赏窗外窈窕的花朵；

华美的帐幕隐藏着云朵，恐怕妨碍了扭动垂柳的风姿。

松子为餐，蒲根可服。

【译文】

肚子饿的时候，山中的松子可以作为食物；口渴的时候，山中的蒲根可以作为饮料。

烟霞润色，荃荑结芳。出涧幽而泉冽，入山户而松凉。

【译文】

烟雾和云霞滋润秀色，荃草和荑草凝结芳香。从幽深山涧流出的泉水甘甜可口，流入山中的人家之中就感到松风凉爽。

旭日始暖，蕙草可织。园桃红点，流水碧色。

【译文】

刚刚升起的太阳有了暖意，修长的蕙草可以割来编织饰物了。园中的桃子已经变得红一点了，潺潺的流水碧绿清澈。

玩飞花之度窗，看春风之入柳。命丽人于玉席，陈宝器于纨罗。忽翔飞而暂隐，时凌空而更飏。竹依窗而庭影，兰因风而送香。风暂下而将飘，烟才高而不暝。

【译文】

欣赏纷飞的花絮飞过小窗，静看温暖的春风吹开柳眼。叫来美人坐在竹席上，把珍宝器物陈列在绫罗之中。时而腾空飞翔而暂时隐藏起来，时而凌空而更加飘扬。种在窗户边的竹子在庭院中投下阴影，风吹着兰花，清香阵阵。风儿暂时停止而又突然飘起，烟雾飞升而起不再停息。

悠扬绿柳，讶合浦[①]之同归；缭绕青霄，环五星[②]之一气。

【注释】

① 合浦：汉朝古郡名，郡治在今广西壮族自治区合浦县东北。

② 五星：指金、木、水、火、土五大行星。

【译文】

风中摇曳飘扬的绿柳，迎接从合浦一起归来的故人；烟云缭绕的高空，环绕着五大行星而浑然一体。

缛绣起于缇纺[①]，烟霞生于灌莽。

【注释】

① 缇纺：浅色的普通纺织品。缇，橘红色，浅绛色。

【译文】

华贵美丽的绣品用浅色的细绢裁成，烟霞从草木丛生的原野升起来。

卷七　韵

人生斯世，不能读尽天下秘书灵笈[1]，有目而昧，有口而哑，有耳而聋，而面上三斗俗尘，何时扫去？则“韵”之一字，其世人对症之药乎？虽然，今世且有焚香啜茗，清凉在口，尘俗在心，俨然自附于韵，亦何异三家村[2]老妪，动口念阿弥，便云升天成佛也。集韵第七。

【注释】

①秘书灵笈：原指宫廷藏书或仙道秘籍，这里泛指奇书秘籍。

②三家村：人烟稀少的偏僻乡村。

【译文】

人这一辈子，不能把天下所有的奇书秘籍都读完，有了眼睛却不懂得欣赏美景，有了嘴巴却不能高谈阔论，有了耳朵却不能聆听雅音，而脸面上被世俗污染的尘垢，什么时候才能扫清洗净？“韵”这个字，莫非就是世人的对症良药？虽然如此，现在世上还有一些人，他们同样焚香品茶，但是口中清凉，内心却被尘俗玷污，他们自以为领会了“韵”的真味，这些人与乡村中的那些老太太又有什么不同呢？嘴里念上几声阿弥陀佛，就自夸说可以升天成佛了。于是，编纂了第七卷，命名为“韵”。

陈慥[1]家蓄数姬，每日晚，藏花一枝，使诸姬射覆[2]，中者留宿，时号花媒。

【注释】

①陈慥：字季常，北宋时永嘉（今浙江温州）人。

②射覆：古时的一种猜物游戏，把物覆在器皿之下，令人猜其所在。

【译文】

陈憶家里蓄养有几位姬妾，每天晚上的时候，他都要把一枝花藏在器皿之下，让姬妾们猜出花所藏位置，猜中的当晚就可以侍寝。当时的人把这种做法叫作“花媒”。

雪后寻梅，霜前访菊，雨际护兰，风外听竹。

【译文】

大雪之后去寻找绽放的梅花，在霜降之前去探访芳香的秋菊，在大雨降临的时候去保护幽雅的兰花，在大风吹佛的时候，到屋外倾听竹林的啸声，这些都是雅士的幽趣。

清斋幽闭，时时暮雨打梨花；冷句忽来，字字秋风吹木叶。

【译文】

在清静的书斋之中闭门休养，不时欣赏黄昏的风雨吹打着梨花；意境幽冷的诗句忽然出现在脑中，文字的灵感像秋风吹落叶一样纷纷而来。

多方分别，是非之窦易开；一味圆融，人我之见不立。

【译文】

站在多个方面、多个角度分析辨别问题，那么对于是非的疑问就容易解开；如果一味地追求圆满融通，那么彼此之间的确定意见就难以形成。

春云宜山，夏云宜树，秋云宜水，冬云宜野。

【译文】

春天山间的云彩最迷蒙，夏天树林的云彩最清爽，秋天水上的云彩最空明，冬天田野的云彩最低沉。

清疏畅快，月色最称风光；潇洒风流，花情何如柳态？

【译文】

如果说到清幽疏朗，令人畅快，那么月色可以称得上最好的风光；如果说到婀娜多姿，潇洒风流，那么柳树的姿态要远远胜过花的情态。

春夜小窗兀坐，月上木兰；有骨凌冰，怀人如玉。因想“雪满山中高士卧，月明林下美人来”语，此际光景颇似。

【译文】

春天的夜里一个人坐在小窗之下，看着月光悄悄笼罩木兰树；夜深寒冷之气侵袭身骨，备感凉意，使人想起如玉一样纯洁的美人。于是想起了“雪满山中高士卧，月明林下美人来”这句诗，与此时此景有点相似。

文房供具，借以快目适玩，铺叠如市，颇损雅趣。其点缀之法，罗罗清疏，方能得致。

【译文】

书房中陈放的用具，目的是让人赏心悦目、随意玩赏；如果像街市上店铺的布置那样随便陈设，就未免伤了高雅的情趣。书房点缀布置的方法，讲究分列得清淡疏松，这样才能得其韵致，达到高雅的境界。

香令人幽，酒令人远，茶令人爽，琴令人寂，棋令人闲，剑令人侠，杖令人轻，麈令人雅，月令人清，竹令人冷，花令人韵，石令人隽，雪令人旷，僧令人谈，蒲团令人野，美人令人怜，山水令人奇，书史令人博，金石鼎彝令人古。[①]

【注释】

①此条出自陈继儒的《岩栖幽事》，文字稍异，如“剑令人侠”作“剑令人悲”；“月令人清”作“月令人孤”；“蒲团令人野”作“蒲团令人枯”；“僧令人谈”作“僧令人淡”。

【译文】

焚香让人觉得幽静，喝酒让人觉得高远，品茶让人觉得清爽，听琴让人觉得寂静，弈棋让人觉得悠闲，佩剑让人觉得有豪气，策杖让人觉得轻快，挥动麈尾（拂尘）让人觉得高雅，明月让人觉得清凉，翠竹让人觉得冷峻，鲜花让人觉得有风韵，奇石让人觉得隽永，大雪让人觉得旷达，高僧让人容易健谈，蒲团让人觉得天然素朴，美人让人心生爱怜，山水让人称奇，书史让人知识广博，金石鼎彝让人变得古雅。

鸟衔幽梦远，只在数尺窗纱；蛩递秋声悄，无言一龛灯火。

【译文】

鸟儿衔着隐约的梦飞远，梦境好像在数尺窗纱之外；蟋蟀的鸣叫声悄悄传递着秋天的讯息，看着龛中闪烁的灯火，没有言语。

藉草班荆，安稳林泉之穸[①]；披裘拾穗[②]，逍遥草泽之曜。

【注释】

①穸：通“夕”，夜晚。

②披裘拾穗：典故出自皇甫谧的《高士传·披裘公》：“披裘公者，吴人也。延陵季子出游，见道中有遗金，顾披裘公曰：取彼金。公投镰嗔目，拂手而言曰：何子处之高而视人之卑？五月披裘而负薪，岂取金者哉！”

【译文】

在柔软的草坪上打坐，相对清谈，在山林的深夜，感到非常安稳；披着裘皮大衣到田间拾取麦穗,在阳光照耀之下,感到逍遥自在。

万绿阴中,小亭避暑;八闼洞开,几簟皆绿。雨过蝉声来,花气令人醉。

【译文】

在万木环绕的树荫之中,小亭是最适宜纳凉的好去处;亭中门户八面洞开,清风习习,在树木的映照下,几案和簟席似乎染成了绿色。大雨停了之后,树上的蝉一阵一阵地鸣叫,花的香气馥郁,令人陶醉。

刬犀截雁[①]之舌锋,逐日追风[②]之脚力。

【注释】

①刬犀截雁:此处用来形容言辞犀利。刬犀,剑锋利得可以割开犀牛皮;截雁,箭飞快得可以截住飞雁。

②逐日追风:逐日,典故出自夸父追日,此处形容马奔跑的速度快;追风,古代骏马名,亦用来形容速度之快。

【译文】

犀利的言辞,犹如利剑和飞箭一样锋利;快捷的脚力,像逐日的夸父一样快。

瘦影疏而漏月,香阴气而堕风。

【译文】

月光透过瘦竹留在地上的影子稀稀疏疏;花香随着微风飘散开去清清淡淡。

修竹到门云里寺,流泉入袖水中人。

【译文】

修长的翠竹一直延伸到云雾缭绕的寺院门前，潺潺的清泉好像流淌入倒映在水中的袖子中。

诗题半作逃禅偈，酒价都为买药钱。

【译文】

作诗的题目大多数是参禅的偈语，而买酒的钱原本是用来买药炼丹的。

扫石月盈帚，滤泉花满筛。

【译文】

清扫石阶时，月光倒映在扫帚上；过滤泉水时，花瓣飘满在筛子中。

流水有方能出世，名山如药可轻身。

【译文】

流水有能够使人超脱尘世的奇方异法；名山像能让人身轻体健的灵丹妙药。

与梅同瘦，与竹同清，与柳同眠，与桃李同笑，居然花里神仙；与莺同声，与燕同语，与鹤同唳，与鹦鹉同言，如此话中知己。

【译文】

和梅花一样清瘦，和竹一样清雅，和垂柳一起睡眠，和桃李一起欢笑，简直就是生活在花国里的神仙；和黄莺一起歌唱，和紫燕一起说话，和仙鹤一起鸣叫，和鹦鹉一起聊天，这样的话就是鸟类的知己。

浣花溪[①]内，洗十年游子衣尘；修竹林[②]中，定四海良朋交籍。

【注释】

①浣花溪：一名濯锦江，又名百花潭，在今四川省成都市西郊。

②修竹林：嵇康寓居河内之山阳县(今河南焦作)，与阮籍、山涛、向秀、阮咸、王戎、刘伶相与友善，常宴集于竹林之下，时人号为竹林七贤。

【译文】

浣花溪里，洗去离家远游的人衣上十年的风尘；修竹林中，编定五湖四海好朋友交往的名册。

人语亦语，诋其昧于钳口；人默亦默，訾其短于雌黄。

【译文】

别人说什么他就跟着说什么，人们会诋毁这种人不会把好口风(言语关)；别人沉默他就跟着沉默，人们会讥讽这种人不擅长评定鉴别。

艳阳天气，是花皆堪酿酒；绿阴深处，凡叶尽可题诗。

【译文】

在艳丽明媚的天气，只要是花，都可以用来酿造香酒；在花木茂盛的树荫深处，只要是树叶，都可以用来题诗抒情。

曲沼荇香侵月，未许鱼窥；幽关松冷巢云，不劳鹤伴。

【译文】

曲折迂回的池塘之中，荇菜的芳香浸染着明光，游鱼不得前来窥视；深邃的关隘之上，松树的清凉之气冷却了树上鸟巢中的浮云，无须烦劳仙鹤来做伴。

篇诗斗酒，何殊太白之丹邱[①]；扣舷吹箫，好继东坡之赤壁[②]。

【注释】

① 太白之丹邱：太白，即李白，字太白，唐代诗人。丹邱，即元丹邱，李白的好友。

② 东坡之赤壁：指苏轼的《前赤壁赋》、《后赤壁赋》这两篇文章。《序》曰："于是饮酒乐甚，扣舷而歌之。歌曰：……客有吹洞箫者，依歌而和之。"

【译文】

饮下一杯酒写下一篇诗歌，这种情怀与李白举杯消愁又有什么不同？扣击船舷，吹奏箫管，这种情怀可以仿效苏东坡续写《赤壁赋》。

获佳文易，获文友难；获文友易，获文姬难。

【译文】

写成一篇优美的诗文容易，结交一个以诗文相交的朋友就很难；结交一个以诗文相交的朋友容易，而得到一个文采出众的红颜知己就难了。

茶中着料，碗中着果，譬如玉貌加脂，蛾眉着黛，翻累本色。

【译文】

往茶中添加佐料，往碗中加入果品，就好比在如玉的容颜上涂上胭脂，在细长弯曲的眉毛上着上青黛，反而破坏了本色。

煎茶非漫浪，要须人品与茶相得，故其法往往传于高流隐逸，有烟霞泉石磊落胸次者。

【译文】

烹茶品鉴并非随便任意的事，最重要的是必须人品与茶品相得益彰，因此，茶道往往在高人隐士以及有着烟霞泉石般磊落胸怀的人之间流传。

楼前桐叶，散为一院清阴；枕上鸟声，唤起半窗红日。

【译文】

楼前茂密的梧桐树叶的倒影散落在院中，一派清凉；枕边传来鸟儿叽叽喳喳的叫声，唤起了初升的太阳，阳光照满了半个窗子。

天然文锦，浪吹花港之鱼；自在笙簧，风戛园林之竹。

【译文】

风吹动着西湖花港的游鱼，掀起层层闪烁的波澜，湖面远望好似一幅天然的花纹锦绣；风吹拂着园中竹林，发出阵阵树叶摇曳的声响，犹如笙簧奏出一首和谐动听的歌曲。

高士流连花木，添清疏之致；幽人剥啄莓苔，生黯淡之光。

【译文】

高雅之士在山林花木之间流连忘返，更加增添了山林清疏的韵致；幽隐之人用手杖敲打着岩石上的莓苔，更显得光景暗淡。

松涧边携杖独往，立处云生破衲；竹窗下枕书高卧，觉时月侵寒毡。

【译文】

拄着竹杖独自在松林溪涧边探奇寻幽，站立的地方不知不觉间白云从破旧的衲衣中升腾而出并环绕身子；在竹窗的下面枕着经书酣睡，醒来的时候发现清冷的月光侵袭身下的寒毡。

遇月夜，露坐中庭，必爇香一炷，可号伴月香。

【译文】

在明月高照的夜晚，坐在庭院中冒着露水打坐，必须点燃起一炷清香，可以称为伴月香。

襟韵洒落，如晴雪秋月，尘埃不可犯。

【译文】

开阔的胸襟和潇洒的气度，就如同初晴的白雪和秋夜的明月那样清净皎洁，是世间的尘埃所不可玷污的。

峰峦窈窕，一拳便是名山；花竹扶疏，半亩如同金谷。

【译文】

峰峦窈窕秀美，即便只有拳头般大小，也称得上是名山；花卉竹子繁茂分披，即便只有半亩之地，也称得上是著名的金谷园。

观山水亦如读书，随其见趣高下。

【译文】

欣赏山光水色的道理也像读书一样，各人见识和情趣不同，评判的标准就有高下之分。

名利场中羽客，人人输蔡泽[①]一筹；烟花队里仙流，个个让焕之[②]独步。

【注释】

①蔡泽：战国时燕国人，曾游说列国，入秦为客卿，后代范雎做过

丞相。

② 焕之：人名，不详。

【译文】

名利场中的布衣之士，个个都要比蔡泽稍逊一筹；烟花队里的隐逸仙人，人人都得让焕之独步一时。

深山高居，炉香不可缺，取老松柏之根枝实叶共捣治之，研风昉羼和之，每焚一丸，亦足助清苦。

【译文】

隐居在深山之中，炉香是不可缺少的，摘取老松柏树的根、枝、果实和叶子放在一起捣碎，并研磨风昉（风防）加以调和制成香丸，每焚烧一香丸，也可为清苦的生活增添些许情趣。

白日羲皇[①]世，青山绮皓[②]心。

【注释】

① 羲皇：指上古时的帝王伏羲氏。

② 绮皓：指汉初隐居在商山的四位白发皓须老者，即东园公、绮里季、夏黄公、角里先生。

【译文】

阳光明媚，犹如生活在远古的伏羲时代；山清水秀，像汉初隐居在商山的四位白发皓须老者那样怀有超世脱俗之心。

松声，涧声，山禽声，夜虫声，鹤声，琴声，棋子落声，雨滴阶声，雪洒窗声，煎茶声，皆声之至清，而读书声为最。

【译文】

松林响动声，山涧流水声，山禽啼叫声，夜间虫鸣声，野鹤鸣叫声，弹琴声，棋子落盘声，雨滴台阶声，大雪敲窗声，煮茶沸腾声，这些都是清雅的声音，而又以读书声最为清雅。

夏日蝉声太烦，则弄箫随其韵转；秋冬夜声寥飒，则操琴一曲咻之。

【译文】

夏天的蝉叫声一直不停，让人烦躁，这时不如吹起箫来随其声韵婉转；秋冬的夜晚万物寂静显得寥廓飒然，这时适宜弹奏一曲琴乐喧闹一下。

心清鉴底潇湘月，骨冷禅中太华秋。

【译文】

内心清澈得像倒映在湖底的潇湘月光；清冷之气透入肌骨就像坐在华山的秋色之中打坐参禅。

语鸟名花，供四时之啸咏；清泉白石，成一世之幽怀。

【译文】

鸟语花香这些美好的景象，可以作为一年四季长啸歌咏的题材；清泉白石这些自然风光，足以让人的一生拥有幽雅的情怀。

扫石烹泉，舌底潮潮茶味；开窗染翰，眼前处处诗题。

【译文】

打扫石阶上的落叶，用山泉水来烹茶，一股潮潮的茶香在舌底泛起，让人回味无穷；打开窗户远望屋外，拿起毛笔蘸上浓墨，眼前每一处美景都可成为作诗的题材。

权轻势去，何妨张雀罗于门前；位高金多，自当效蛇行于郊外。盖炎凉世态，本是常情，故人所浩叹，惟宜付之冷笑耳。

【译文】

失去权势后，为何不在大门之前张起网来捕麻雀；高官贵爵，荣华富贵，自然应当像蛇那样小心翼翼地在郊外伏地爬行。因为世态炎凉，人情冷暖，这些本是再寻常不过的道理，所以人们所抱怨兴叹的事，只须冷笑对待，不必放在心上。

溪畔轻风，沙汀印月，独往闲行，尝喜见渔家笑傲；松花酿酒，春水煎茶，甘心藏拙，不复问人世兴衰。

【译文】

微风轻轻地吹拂在小溪水旁，月光洒在小沙洲上，一个人悠闲地散步，曾经高兴地看到渔家在湖上潇洒自在地唱歌欢笑；摘取松花用来酿酒，汲春水用来烹茶，心甘情愿地掩藏拙劣，不以示人，不再过问凡世间兴衰成败的事情。

手抚长松，仰视白云，庭空鸟语，悠然自欣。

【译文】

双手轻轻地抚摩着高大的松树，抬头仰望白云，鸟儿在空荡荡的庭院中叽叽喳喳，让人感到悠然自在而又满心欢喜。

或夕阳篱落，或明月帘栊，或雨夜联榻，或竹下传觞，或青山当户，或白云可庭。于斯时也，把臂促膝，相知几人，谑语雄谈，快心千古。

【译文】

或者夕阳的余晖洒落在篱笆上，或者明月皎洁地照进竹帘，或者下雨的夜晚连床而卧，或者在竹林下曲水流觞而不醉不归，或者门户与青山遥望相对，或者白云在庭院上空飘浮徘徊。每当这个时候，约上几个知心朋友，在这样的环境下握手促膝，谈笑嬉戏，确实是千古快心的幽雅之事。

海内殷勤，但读《停云》之赋[①]；目中寥廓，徒歌《明月》之诗[②]。

【注释】

①《停云》之赋：陶渊明《停云诗序》曰："停云，思亲友也。"

②《明月》之诗：曹操《短歌行》曰："明明如月，何时可掇"，"月明星稀，乌鹊南飞"。

【译文】

思念五湖四海的亲朋好友，可诵读《停云》之赋来寄托心意；眼前空旷无际，可以徐徐吟唱《明月》之诗来抒发感情。

生平愿无恙者四：一曰青山，一曰故人，一曰藏书，一曰名草。

【译文】

平生希望没有疾病、没有忧患的有四种东西：一是青山，二是故人，三是藏书，四是名草。

闻暖语如挟纩[①]，闻冷语如饮冰[②]，闻重语如负山，闻危语如压卵，闻温语如佩玉，闻益语如赠金。

【注释】

① 挟纩：披上锦衣，比喻听到抚慰人心的话而感到温暖。

② 饮冰：形容十分惶恐焦灼。

【译文】

听到抚慰人心的话语如同披着锦衣一般温暖，听到苛刻的话语如同饮用冰水一般让人觉得寒冷，听到给人压力的话语如同背负大山一般沉重，听到使人害怕的话语如同压迫鸡蛋一般让人感到危险，听到轻声细语的话语如同佩戴宝玉一般温馨，听到教导的话语如同获赠金子一般受益。

旦起理花，午窗剪叶，或截草作字，夜卧谶罪，令一日风流潇散之过，不致堕落。

【译文】

早晨起床后就浇灌花草，中午就在窗前修剪枝叶，或者将草茎截断在地上拼成文字，夜深人静的时候就忏悔反省白天的罪过，让一天下来风流潇洒的过失，及时得以挽救，以免发展到堕落的地步。

快欲之事，无如饥餐；适情之事，莫过甘寝。求多于清欲，即侈汰亦茫然也。

【译文】

能够让欲望得到满足、令人快意的事情，比不上在饥饿的时候吃上一餐香喷喷的饭；而能够让人情性怡然的事情，莫过于睡得香甜。贪求的东西太多，不懂得清心寡欲，那么获得的东西再多，也不觉得开心。

客来花外茗烟低，共销白昼；酒到梁间歌雪①绕，不负清尊。

【注释】

①歌雪：歌唱高雅的乐曲。雪，此处指古琴曲名《白雪》。

【译文】

在花丛之外，茶烟低回，和客人一起共同品茶闲聊，消磨白日；芬香的酒气飘逸满屋，房梁上回荡着高雅的歌曲，从来不辜负眼前的美酒。

云随羽客，在琼台双阙[①]之间；鹤唳芝田[②]，正桐阴灵虚[③]之上。

【注释】

① 琼台双阙：琼台在今浙江省天台山西北，其旁边两座山峰壁立万仞，屹然相对，被称为双阙。

② 芝田：传说中仙人种灵芝的地方。

③ 桐阴灵虚：泛指仙境。桐阴，凤凰栖息的地方；灵虚，即太虚，道教认为是神仙居住的地方。

【译文】

云彩跟随着云游的隐士，在琼台双阙之间飘荡；仙鹤在芝田鸣叫，正处在太虚幻境之中。

卷八　奇

我辈寂处窗下，视一切人世，俱若蠛蠓[①]婴丑，不堪寓目。而有一奇文怪说，目数行下，便狂呼叫绝，令人喜，令人怒，更令人悲。低徊数过，床头短剑亦呜呜作龙虎吟，便觉人世一切不平，俱付烟水。集奇第八。

【注释】

① 蠛蠓：虫名，体微细，触角细长，好吸人畜的血。

【译文】

我们在窗下静静地坐着，仔细观察人世间的一切事情，都好像吸血啖肉的蠓虫一样，令人不忍直视。但如果有一篇奇妙的文章，一目数行读下来，便纵情欢呼，拍掌称绝，让人欣喜，让人气愤，更让人悲伤。低吟品味几番之后，连床头的短剑也发出像龙吟虎啸的声音，顿时觉得人世间一切让人愤愤不平的事情，都随着云烟流水一去不复返。于是编纂了第八卷，命名为"奇"。

吕圣公(功)[①]之不问朝士名，张师亮[②]之不发窃器奴，韩稚圭[③]之不易持烛兵，不独雅量过人，正是用世高手。

【注释】

① 吕圣公(功)：吕蒙正字圣功，北宋河南洛阳人，做过中书侍郎、平章事。吕蒙正年纪轻轻就担任参知政事，曾被一朝士嘲笑，同僚要追查此人，吕蒙正制止说道："若知其名，必记于心，不如不知。"

② 张师亮：张齐贤字师亮，北宋曹州人。据《东轩笔记》载：张齐贤在家中举行宴会，一奴仆偷了几件银器，他发现后并没有揭发他。张齐

贤后来成为丞相，门客都得以做官，只有当年偷窃银器的奴仆没有受封。奴仆哭着跪拜，张齐贤给他一些钱并打发他走。

③ 韩稚圭：韩琦字稚圭，北宋安阳人，官至枢密使、宰相，封魏国公。据《厚德录》载：韩琦在武定挂帅时，一天夜里读书，命令一士兵在一旁拿着蜡烛，士兵一不留神把他的胡须烧着了，韩琦挥动袖子灭了火，继续读书，过一会儿回过头，已经换成别的士兵站在一旁。韩琦担心主吏鞭打之前的士兵，急着喊道："不要更换士兵，他才学会持烛。"军府为韩琦所感服。

【译文】

吕蒙正不过问那个讥笑自己的朝士的名字，张齐贤不当面揭露偷窃银器的奴仆，韩琦不更换持蜡烛不小心燃烧他胡须的士兵。这几位身居将相的人不仅气度比他人宏大，而且是为世所用的英雄豪杰。

花看水影，竹看月影，美人看帘影。

【译文】

花儿倒映在水中的影子是最迷人的，竹子在月光下的影子是最有韵味的，美人在珠帘后面的影子是最美丽的。

佞佛若可忏罪，则刑官无权；寻仙可以延年，则上帝无主。达士尽其在我，至诚贵于自然。

【译文】

一心礼佛若能忏悔罪过，那么刑官就无法执行其刑罚之权；寻求成仙若能延长寿命，那么上帝就不能主宰其命运。见识高超、不同于流俗的人一切言行都出于自己内心的真诚，而至诚之心最重要的是顺从自然。

瀑布天落，其喷也珠，其泻也练，其响也琴。

【译文】

瀑布从天空飞流直下，其喷涌的水珠犹如晶莹的珍珠一般，其倾泻的形状犹如一匹白色的绸缎，其时高时低的声响犹如一曲悦耳的琴乐。

平易近人，会见神仙济度；瞒心昧己，便有邪祟出来。

【译文】

如果待人接物态度谦逊温和，使人容易亲近，自然就会有神仙前来超度；如果瞒昧自欺，妖邪鬼魅之类的东西自然就会降临祸害。

佳人飞去还奔月，骚客狂来欲上天。

【译文】

美人翩翩起舞，似乎要飞奔到月宫；诗人喝酒后狂放起来，幻想着登上青天。

涯如沙聚，响若潮吞。

【译文】

水边的陆地好像沙子堆积起来一样，而声音则好像潮水翻涌吞吐发出的声响。

诗书乃圣贤之供案，妻妾乃屋漏①之史官。

【注释】

①屋漏：古代室内西北隅施设小帐，安藏神主，因西北角屋顶上有天窗，阳光由此照入室内，故称屋漏。

【译文】

诗书典籍是用来祭祀圣贤的桌案，妻妾则是记载室内作为的神主。

强项者未必为穷之路，屈膝者未必为通之媒。故铜头铁面，君子落得做个君子；奴颜婢膝，小人枉自做了小人。

【译文】

刚直方正的人，其命运不一定就是怀才不遇、穷困潦倒；屈膝求荣的人，其命运不一定就是官运亨通。所以，刚直方正、铁面无私的人，终究落得个真君子的好声名；奴颜婢膝、卖身求荣的人，注定只能当个小人。

有仙骨者，月亦能飞；无真气者，形终如槁。

【译文】

有仙人及得道者气质神采的人，让人觉得他能飞往月宫；而缺乏自然真气的人，其形体就像枯木一样死气沉沉。

一世穷根，种在一捻傲骨；千古笑端，伏于几个残牙。

【译文】

一辈子穷困潦倒，都是这一把傲骨惹的祸；千古的笑话，也都是那几颗老牙惹出来的。

石怪常疑虎，云闲却类僧。

【译文】

奇形怪状的石头，常常让人怀疑是伏在地上的老虎；悠闲飘浮的云彩却很像僧人远游四方。

棋能避世，睡能忘世。棋类耦耕之沮溺[①]，去一不可；睡同御风之列子[②]，独往独来。

【注释】

① 沮溺：春秋时的避世隐士长沮和桀溺，《论语·微子》曰："长沮桀溺耦而耕，孔子过之，使子路问津焉。"

② 列子：列御寇，相传为先秦早期道家，著有《列子》一书，《庄子·逍遥游》称其："夫列子御风而行，泠然善也，旬有五日而后反。"

【译文】

下棋能让人逃避尘世的纷扰，睡觉能让人忘却尘世的苦恼。下棋就像长沮与桀溺并肩耕作一样，必须同时具备两人，缺一不可；而睡觉则如同列子御风而行，独来独往就可以。

以一石一树与人者，非佳子弟。

【译文】

（家中老者死后）将家里的一石一树都变卖给他人，不是优秀的年轻后辈。

一勺水，便具四海水味，世法①不必尽尝；千江月，总是一轮月光，心珠②宜当独朗。

【注释】

① 世法：佛教语，谓世间生灭无常的事物。

② 心珠：佛教认为众生的本性即是清静，后用来比喻人心地纯洁如珠。

【译文】

一勺水就具备了五湖四海所有水的味道，所以说不一定要一一体验世间一切生灭无常的事物；倒映在千条大江的明月，也都是同一轮月光，所以人的心地应该清净如明珠，朗照乾坤。

面上扫开十层甲，眉目才无可憎；胸中涤去数斗尘，语言方觉有味。

【译文】

只有将掩盖真正自性的多层假面具揭下，自性才能够显现，容颜也才不至于让人觉得憎恶；只有将内心种种杂念和欲望涤除，才会说出心里的真实想法，言语也才让人觉得可信有味。

愁非一种，春愁则天愁地愁；怨有千般，闺怨则人怨鬼怨。

【译文】

忧愁并非只有一种，如果是春日的愁绪，那么天也忧愁地也忧愁；哀怨有千般情形，如果是少妇的哀怨，那么人也哀怨鬼也哀怨。

天懒云沉，雨昏花蹙，法界岂少愁云；石颓山瘦，水枯木落，大地觉多窘况。

【译文】

天色慵懒，云气沉闷压抑，风雨如晦，花儿紧缩眉头，自然界难道就不会像人一样忧愁？岩石颓败，青山瘦削，河水干涸，树叶凋零，整个大地似乎也像人一样遭遇窘迫的境况。

世界极于大千[①]，不知大千之外更有何物；天宫极于非想[②]，不知非想之上毕竟何穷。

【注释】

① 大千：佛教语，“大千世界”的省称，指广阔无边的世界。

② 非想：“非想非非想处”的略语，是三界中无色界第四天。非想，即非有想；非非想，即非有此非想。

【译文】

世界的终极是大千世界，不知广阔无边的世界之外还有什么世界？最美的天宫在非想非非想处，不知非想非非想之上究竟还有多少无穷的美景。

千载奇逢，无如好书良友；一生清福，只在茗碗炉烟。

【译文】

千年难逢的胜事，没有什么比的上好书和良友；一生的清闲之福，只在品茶焚香之中。

作梦则天地亦不醒，何论文章？为客则洪濛无主人，何有章句？

【译文】

如果进入梦中，那么天地也会沉睡不醒，哪里还有惊醒世人的文章呢？人如果是尘世的过客，那么自宇宙形成以来就没有主人，哪里还有什么诗文章句？

艳，出浦之轻莲；丽，穿波之半月。

【译文】

若论娇艳之姿，当推水边风中的莲花；若论美丽之貌，宜选映入水波的半圆之月。

云气恍堆窗里岫，绝胜看山；泉声疑泻竹间樽，贤于对酒。

【译文】

静对窗前，犹如挂着一幅云雾缭绕山峦的图画，比实地去观赏山景绝妙；独立林间，泉水叮咚声听起来好似美酒倾泻于竹间酒樽的声响，比真正的对酒当歌更有趣味。

杖底唯云，囊中唯月，不劳关市之讥；石笥藏书，池塘洗墨，岂供山泽之税？

【译文】

云雾缭绕在筇杖之下，月光收藏在行囊之中，无须烦劳市集的稽查；将书籍贮藏在石匣之中，在池塘里清洗笔砚，哪里需要上缴山林川泽的税收？

有此世界，必不可无此传奇；有此传奇，乃可维此世界。则传奇所关非小，正可借口《西厢》一卷，以为风流谈资。

【译文】

有这样的世界，必定不可缺少这样的戏曲；有了这样的戏曲，才可以维系这样的世界。由此可知，戏曲的重要性不同寻常，正可借《西厢记》这部戏曲，作为谈论风流的资料。

委形无寄，但教鹿豕为群；壮志有怀，莫遣草木同朽。

【译文】

放荡不羁，心无所寄，只希望能与鹿猪同群同居；怀有豪壮的志愿，发誓不与草木一同腐朽。

哄日吐霞，吞河漱月；气开地震，声动天发。

【译文】

烘托炎热的太阳，焕发多彩的云霞，包容壮阔的山河，漱洗皎洁的月光；气势一开，犹如大地震动一般，声势一动，犹如上天发怒一样。

议论先辈，毕竟没学问之人；奖惜后生，定然关世道之寄。

【译文】

对先辈的是非短长指手画脚的人，必定没有多大学问；而奖励提拔年轻人的人，必定是关心世道的寄托问题。

贫富之交，可以情谅，鲍子所以让金①；贵贱之间，易以势移，管宁所以割席②。

【注释】

①鲍子所以让金：春秋时齐人管仲与鲍叔牙交情深厚，管仲家庭清贫，他俩一起经商做生意，分钱财的时候，鲍叔牙总是让管仲多拿一些，并向齐桓公推荐管仲，助成霸业，所以管仲说："生我者父母，知我者鲍子也。"

②管宁所以割席：三国时魏人管宁，与华歆是同学。有一次，二人坐在同席上读书，有一个官贵乘着豪华的车子从门前经过，管宁继续读他的书而丝毫没有理会，华歆却丢下书本跑到外面看去了。管宁把坐着的席子割开了两半，对华歆说道："你不是我的朋友！"

【译文】

贫人与富人之间的交往，可以用感情来体谅，所以鲍叔牙曾经将金子让给管仲；贵人与贱人之间的交往，容易因为势利而发生变化，所以管宁曾经割席，以示和华歆绝交。

论名节，则缓急之事小；较生死，则名节之论微。但知为饿夫以采南山之薇①，不必为枯鱼以需西江之水②。

【注释】

① 但知为饿夫以采南山之薇：指伯夷、叔齐不食周粟，在南山采薇充饥，最后饿死的典故。

② 不必为枯鱼以需西江之水：典故出自《庄子·外物》："周昨来，有中道而呼者。周顾视，车辙中有鲋鱼焉。周问之曰：'鲋鱼来！子何为者邪？'对曰：'我，东海之波臣也。君岂有斗升之水而活我哉？'周曰：'诺，我且南游吴越之王，激西江之水而迎子，可乎？'鲋鱼忿然作色曰：'吾失我常与，我无所处。吾得斗升之水然活耳，君乃言此，曾不如早索我于枯鱼之肆。'"

【译文】

若要顾全名誉与节操，那什么轻重缓急的事情都只能算作小事了。若到了生死存亡的关头，那什么名誉节操的辩论都是鸡毛蒜皮的了。只知道挨饿，就得到那南山之上去采薇来充饥。完全没有必要去做一条困于涸辙的鱼，非得等着那西江的水到来才饮。

古之钓也，以圣贤为竿，道德为纶，仁义为钩，利禄为饵，四海为池，万民为鱼。钓道微矣，非圣人其孰能之？

【译文】

古代的钓鱼之道，将圣人贤才当作鱼竿，将伦理道德当作鱼线，将仁爱正义当作鱼钩，将功名利禄当作鱼饵，将五湖四海当作鱼池，将百姓黎民当作鱼。后来这一钓鱼之道逐渐衰微了，如果不是圣人谁能懂得其中的道理？

既稍云于清汉①，亦倒影于华池②。

【注释】

① 清汉：天河，也借指天空。

② 华池：神话传说中的池名，在昆仑山上，泛指仙界。

【译文】

既可以在天上腾云驾雾，也可以在仙界上空看见自己倒映在华池中的影子。

浮云回度，开月影而弯环；骤雨横飞，挟星精而摇动。

【译文】

像浮云来回游动一样，像月影弯曲回环一样；像暴雨随风横飞一样，像挟着星宿的灵气撼动天地一样。

天台嵲起，绕之以赤霞，削成孤峙，覆之以莲花。

【译文】

天台山拔地而起，四周被赤色的云霞环绕；悬崖峭壁如刀削一般耸入云霄，覆盖在上面的山石犹如莲花一般。

金河别雁，铜柱辞鸢；关山夭骨，霜木凋年。[①]

【注释】

① 此句出自卢照邻的《秋霖赋》。金河别雁：金河，现名大黑河；别雁，用苏武出使匈奴、翰海雁书的典故。铜柱辞鸢：东汉名将马援出征交趾，树立铜柱，作为汉之边界。

【译文】

苏武客居匈奴多年后，终于辞别金河的大雁回到大汉；马援在交趾平息战乱，树立铜柱，辞别飞鸢，获胜之后北上。关山远隔，出征的人由壮渐老，须发苍苍；遭受风霜的侵袭，人渐衰老，青春一去不复返。

翻光倒影，擢菡萏于湖中；舒艳腾辉，攒蹄蛛于天畔。

【译文】

将荷花从湖中拔出，湖面呈现一幅翻光倒影的图画；在天际积聚彩虹，好一派舒艳腾辉的景象。

照万象于晴初，散寥天于日馀。

【译文】

天气刚刚晴朗的时候，阳光照射着大地上的万物；太阳快下山的时候，霞光在寂静的天空消失离散。

卷九　绮

朱楼绿幕，笑语勾别座之香；越舞吴歌，巧舌吐莲花之艳。此身如在怨脸愁房、红妆翠袖之间，若远若近，为之黯然。嗟乎，又何怪乎身当其际者，拥玉床之翠而心迷，听伶人之奏而陨涕乎？集绮第九。

【译文】

富丽华美的楼阁悬挂着绿色的帷幕，欢声笑语将别座的香气勾引过来；跳着越地的舞蹈，唱着吴地的歌谣，婉转的歌喉如同莲花一样清艳。面对这样的情景，犹如置身于愁眉苦脸而打扮华丽的妻妾之间，时远时近，令人感伤沮丧。唉！难怪身处此种景况的人，他们拥盖着玉床上锦被绣枕而心魂痴迷、听到伶人的弹奏音乐而潸然泪下？于是编纂了第九卷，命名为“绮”。

天台花好，阮郎却无计再来；[①] 巫峡云深，宋玉只有情空赋。[②] 瞻碧云之黯黯，觅神女其何踪；睹明月之娟娟，问嫦娥而不应。

【注释】

① 天台花好，阮郎却无计再来：用刘晨、阮肇在天台山遇见仙女的典故。

② 巫峡云深，宋玉只有情空赋：用楚襄王在巫山与神女相会的典故。

【译文】

天台山的鲜花盛开，遗憾的是阮肇却没办法再来；巫峡的云雾迷茫，宋玉只能徒然吟咏《高唐赋》。遥望碧云一片暗淡，到何处去寻找神女的踪迹；仰望皎洁的月光，向嫦娥问话她却不应答。

妆台正对书楼，隔池有影；绣户相通绮户，望眼多情。

【译文】

梳妆台与藏书楼遥望相对，中间隔着水池，佳人与才子可以看见彼此的身影；绣房之门与文房之门相通，才子与佳人深情地遥相凝视。

莲开并蒂，影怜池上鸳鸯；缕结同心，日丽屏间孔雀。

【译文】

并蒂的莲花盛开，影子倒映在池中的鸳鸯成双成对，惹人怜爱；用丝缕结成同心结，在明媚的阳光下孔雀在为同伴开屏。

堂上鸣《琴操》①，久弹乎《孤凤》②；邑中制锦纹③，重织于双鸾。

【注释】

①《琴操》：这里指弹琴。

②《孤凤》：古琴曲，又称《孤鸾》、《离鸾》，西汉庆安世所创作。

③邑中制锦纹：用苏氏织锦为回文诗的典故。《晋书·列女传·窦滔妻苏氏》曰："滔，苻坚时为秦州刺史，被徙流沙。苏氏思之，织锦为回文旋图诗以赠滔。宛转循环读之，词甚凄惋。"

【译文】

厅堂之上弹奏琴曲，久久地弹奏《孤凤》之曲；到城中购制锦缎，最后像苏氏一样织锦鸾凤齐飞。

镜想分鸾，琴悲《别鹤》。①

【注释】

①此句出自南朝梁何逊的《为衡山侯与妇书》："镜想分鸾，琴悲《别鹤》，心如膏火，独夜自煎。"《别鹤》，即《别鹤操》，古代琴曲名。

【译文】

对着镜子联想到纷飞的鸾凤,弹奏琴曲悲叹离散的夫妇。

濯足清流,芹香飞涧;浣花新水,蝶粉迷波。

【译文】

在清澈见底的溪流中洗足,水芹(楚葵)的香气在山涧中四处飘逸;在清澈的水中浣洗鲜花,飞舞蝴蝶的粉弥漫于清波之中。

昔人有花中十友:桂为仙友,莲为净友,梅为清友,菊为逸友,海棠名友,荼蘼韵友,瑞香殊友,芝兰芳友,腊梅奇友,栀子禅友。昔人有禽中五客:鸥为闲客,鹤为仙客,鹭为雪客,孔雀南客,鹦鹉陇客。会花鸟之情,真是天趣活泼。

【译文】

古人曾经说过花中有十友:桂花可作为仙友,莲花可作为清友,菊花可作为逸友,海棠可作为名友,荼蘼可作为韵友,瑞香可作为殊友,芝兰可作为芳友,蜡梅可作为奇友,栀子可作为禅友。古人又说过禽中有五客:鸥可作为闲客,鹤可作为仙客,鹭可作为雪客,孔雀可作为南客,鹦鹉可作为陇客。能够结交这十友和五客的人能够领会花鸟的性情,自然的情趣确实活泼可爱。

凤笙龙管①,蜀锦②齐纨③。

【注释】

① 笙龙管:皆为古代乐器。

② 蜀锦:四川生产的彩锦。

③ 齐纨:山东生产的白细绢。

【译文】

用凤笙龙管吹奏的音乐，悦耳动听；用蜀锦、齐纨裁成的衣裳，富贵华丽。

木香盛开，把杯独坐其下，遥令青奴[①]吹笛，止留一小奚[②]侍酒，才少斟酌，便退立迎春架后。花看半开，酒饮微醉。

【注释】

① 青奴：穿着青衣的女仆。

② 小奚：小奚奴的省称，即少男仆。

【译文】

四周木香花盛开，一个人坐着持杯饮酒，让青衣女仆在远处吹笛，留下一少年男仆在旁边侍奉饮酒，才刚刚斟上酒，立即退回迎春花架的后面。赏花要赏开了一半的花朵，饮酒最好保持在似醉非醉的状态之中。

夜来月下卧醒，花影零乱，满人襟袖，疑如濯魄于冰壶。

【译文】

夜深人静的时候在皎洁的月光下卧着入睡，醒来时发现零乱的花影洒满在襟袖上，令人心神清新，仿佛整个魂魄清白纯洁得像在盛冰的玉壶中洗过一般。

看花步，男子当作女人；寻花步，女人当作男子。

【译文】

赏花时的步伐，男子应当像女子那样从容轻缓；访花的步伐，女子应当像男子那样紧张迅速。

窗前俊石冷然，可代高人把臂；槛外名花绰约，无烦美女分香。

【译文】

窗前一块美石泠然立着，可以把它当作高人，与其把臂交游；门外有名贵的花柔婉美好，就无须美女前来相伴分香了。

梅额生香①，已堪饮爵；草堂飞雪，更可题诗。七种之羹②，呼起袁生之卧③；六花之饼④，敢迎王子之舟⑤。豪饮竟日，赋诗而散。

【注释】

① 梅额生香：相传南朝宋武帝的女儿寿阳公主有一天在含章殿的屋檐下闲卧，梅花落在她的额上，形成花痕，不能拂去，世称梅花妆。

② 七种之羹：七宝羹，农历正月初七日采七种菜蔬拌和米粉做羹。

③ 袁生之卧：东汉袁安，生活清贫但有操守，“时大雪积地丈余，洛阳令身出案行，见人家皆除雪出，有乞食者，至袁安门，无有行路。谓安已死，令人除雪入户，见安僵卧。问何以不出。安曰：‘大雪人皆饿，不宜干人。’令以为贤”(《汝南先贤传》)。后来举为孝廉，做过郡太守。

④ 六花之饼：雪花，雪花结晶六瓣，故名。贾岛有诗曰：“自著衣偏暖，谁忧雪六花。”

⑤ 王子之舟：《世说新语·任诞》曰：“王子猷在山阴，夜大雪……忽忆戴安道。时戴在剡，即便夜乘小船就之。经宿方至，造门不前而返。人问其故，王曰：‘吾本乘兴而行，兴尽而返，何必见戴？’”

【译文】

梅花妆的美人芳香迷人，已足以相伴饮酒；草堂上大雪纷飞，此情此景可以作为吟咏的诗题。美味的七宝羹，可以唤醒僵卧的袁安；六瓣的雪花，热情地迎接王子猷的小舟。终日开怀痛饮，尽情赋诗而散。

佳人半醉，美女新妆。月下弹瑟，石边侍酒。烹雪之茶，果然剩有寒香；争春之馆，自是堪来花叹。

【译文】

佳人似醉非醉，美女梳妆打扮，或在月下弹奏琴瑟，或在石边侍奉饮酒。用雪水烹煮的茶，果然还含有清冽的香气；百花斗艳的馆舍，自然是要为花残花败而哀叹的。

黄鸟让其声歌，青山学其眉黛。

【译文】

黄鸟听到佳人婉转的歌声，都得让她三分；青山看见美女如黛的长眉，也要跟着仿效。

浅翠娇青，笼烟惹湿；清可漱齿，曲可流觞。

【译文】

山林青翠欲滴，笼罩草木的雾霭十分湿润；溪流清澈可以用来漱口，溪流曲折回环可供举行流觞之宴。

风开柳眼，露挹桃腮，黄鹂呼春，青鸟①送雨，海棠嫩紫，芍药嫣红，宜其春也。碧荷铸钱②，绿柳缫丝，龙孙③脱壳，鸠妇④唤晴，雨骤黄梅，日蒸绿李，宜其夏也。槐阴未断，雁信初来，秋英无言，晓露欲结，蓐收⑤避席，青女⑥办妆，宜其秋也。桂子风高，芦花月老，溪毛⑦碧瘦，山骨苍寒，千岩见梅，一雪欲腊，宜其冬也。

【注释】

① 青鸟：神话传说中为西王母取食传信的神鸟。

② 碧荷铸钱：初生的小荷叶，其形如钱，故名。

③ 龙孙：笋的雅称。

④ 鸠妇：鸟名，即鹁鸠，相传天将下雨时，雄鸠就把雌鸠逐出巢，天晴的时候则呼唤雌鸠归来。俗语曰："天将雨，鸠逐妇。"

⑤ 蓐收：古代传说中的西方神名，司秋。

⑥ 青女：传说中掌管霜雪的女神。

⑦ 溪毛：溪边野菜。

【译文】

东风吹开柳眼，露珠打湿桃腮，黄鹂呼唤春回大地，青鸟送来绵绵细雨，海棠花枝招展，娇嫩泛紫，芍药颜色娇丽，这是春天的迷人景色。碧绿的荷叶初生的时候如铜钱一般，翠绿的柳枝柔软如丝，竹笋的外壳刚刚脱去，鸠妇在晴朗的天空中鸣叫，大雨骤下，黄梅初熟，阳光猛烈，李树成荫，这是夏天的迷人景色。槐树还有阴影，大雁成群刚刚飞来，秋天的花朵无声无息地凋谢，清晨的露水开始凝结成珠，司秋之神即要远去，掌管霜雪的女神已开始装扮出场，这是秋天的迷人景色。寒风吹落桂树的花朵，月光下的芦花开始衰败零落，溪边碧绿的野菜开始凋残，山上岩石苍茫寒凉，千山万岭的梅花争相怒放，一场雪过来就是腊月，这是冬天的迷人景色。

九重仙诏，休教丹凤衔来；一片野心，已被白云留住。

【译文】

天庭上玉皇大帝的诏书，千万不可吩咐丹凤衔来；一片放纵不驯之心，已经被悠悠白云挽留。

香吹梅渚千峰雪，清映冰壶百尺帘。

【译文】

香风吹开小洲上的梅花，远山处连绵不断的山峰却堆满了雪；清光从月宫中倾泻而下，犹如一幅百尺巨帘。

避客偶然抛竹屦，邀僧时一上花船。

【译文】

躲避客人的叨扰，偶然把竹鞋抛弃掉；邀请僧人同游，偶尔也上了有歌伎招客的船。

到来都是泪，过去即成尘。秋色生鸿雁，江声冷白蘋。

【译文】

到达眼前的都是心酸的泪水，成为过去的都变成空幻的烟尘。秋天万物萧瑟，鸿雁南飞；大江碧浪滔滔，白蘋更显清冷。

斗草春风，才子愁销书带翠；采菱秋水，佳人疑动镜花香。

【译文】

人们在春风中斗草嬉戏，才子为书带草的翠色被人采尽而忧愁；在秋水中荡舟采摘菱角，水面微波荡漾，犹如佳人坐在镜台前梳妆而镜子中的头饰在晃动。

绝世风流，当场豪举。世路既如此，但有肝胆向人；清议可奈何，曾无口舌造业。

【译文】

绝世的风流之姿，当场难得的豪放之举。世事人情既然这样，只有肝胆相照；对时政世事的议论又能如何，只要口舌不曾引起恶业。

花抽珠渐落，珠悬花更生；风来香转散，风度焰还轻。

【译文】

花瓣一舒展开露珠就掉落下来，露珠悬挂在花瓣上，花朵更焕发生机；轻风吹来香气四处飘逸，风吹过时，檀香的火焰依然轻弱不猛烈。

莹以玉琇，饰以金英。绿芰悬插，红蕖倒生。

【译文】

用晶莹剔透的玉石点缀，用金黄娇艳的花朵妆饰。绿色的菱角在水中悬空摇曳，红荷花在水中倒立生长。

浮沧海兮气浑，映青山兮色乱。

【译文】

飘浮在沧海之上的大气，雄浑浩茫；映衬在青山之间草木色泽，光彩炫目。

纷黄庭之靃靡，隐重廊之窈窕，青陆至而莺啼，朱阳升而花笑。紫蒂红蕤，玉蕊苍枝。[1]

【注释】

[1] 此句出自卢照邻的《双槿树赋》。靃靡，草木柔软，随风摇曳的样子。青陆，即青道，日月运行到东方天空的那一段轨迹叫青道。朱阳，日，太阳。

【译文】

纷乱的黄庭中草木随风摇曳，隐约的回廊中美女娴静娇美；在月光笼罩下莺儿哭着鸣叫，在阳光的照射下花朵笑着开放。紫色的花蒂上结着红色的花瓣，青翠的树枝上托着如玉一般的花苞。

视莲潭之变彩，见松院之生凉；引惊蝉于宝瑟，宿兰燕于瑶筐。

【译文】

观看莲花潭的色彩变幻莫测，看见松树院凉风习习，顿生凉意；弹奏宝瑟惊动了树上的寒蝉,安排瑶筐引来兰燕留宿。

蒲团布衲,难于少时存老去之禅心;玉剑角弓,贵于老时任少年之侠气。

【译文】

身着僧衣在蒲团上打坐,人在少年时就存有年老时的参禅之心是很困难的;佩带玉剑,紧握角弓,年老时仍保持着少年的侠气是难能可贵的。

卷十　豪

今世矩视尺步之辈，与夫守株待兔之流，是不束缚而阱者也。宇宙寥寥，求一豪者，安得哉？家徒四壁，一掷千金[①]，豪之胆；兴酣落笔，泼墨千言，豪之才；我才必用，黄金复来[②]，豪之识。夫豪既不可得，而后世倜傥之士，或以一言一字写其不平，又安与沉沉故纸同为销没乎？集豪第十。

【注释】

① 家徒四壁，一掷千金：前一句化用司马相如“家居徒四壁立”的典故，后一句本指赌博时投下重注，引申为豪放的兴致。唐代吴象之《少年行》曰：“一掷千金浑是胆，家无四壁不知贫。”

② 我才必用，黄金复来：李白《将进酒》曰：“天生我材必有用，千金散尽还复来。”

【译文】

在现在这个社会，那些墨守成规不懂变通的人，以及那些守株待兔的人，他们用不着受到任何束缚就会自落陷阱。在广阔的宇宙之间，要找到一个不受任何束缚的豪放之人，到何处去寻找呢？家中一贫如洗，在一定的场合却能一掷千金，这是潇洒豪放之人的胆略；兴致高涨，挥毫泼墨，书写千言，这是豪放之人的才情；天生我材必有用，千金散尽还复来，这是豪放之人的远见卓识。豪放既然不能轻易求得，那么后世那些风流倜傥之士，有的借用一句话或一个字来抒发内心的不平之气，又怎么能让他们在陈旧的故纸堆中消磨而湮没激情呢？于是编纂了第十卷，命名为“豪”。

桃花马[①]上春衫，少年侠气；贝叶斋[②]中夜衲，老去禅心。

【注释】

① 桃花马：毛色白中有红点的马。

② 贝叶斋：寺庙。

【译文】

春衫飘逸的少年骑着桃花马，一副英姿、豪侠的样子；深夜在寺庙中诵经的老和尚，其神态安详、禅心淡泊。

岳色江声，富煞胸中丘壑；松阴花影，争残局上山河。

【译文】

山色苍苍茫茫，江水滔滔不绝，让人觉得胸中丘壑无比广阔；松树间十分清凉，花影参差不齐，这样的环境正适合与人下棋闲谈，在残局中争夺胜负。

骥虽伏枥，足能千里；鹄即垂翅，志在九霄。

【译文】

好马虽然被束缚在槽下，但是还能跑千里长途；天鹅虽然垂下翅膀，但是它的志向在云霄之间。

个个题诗，写不尽千秋花月；人人作画，描不完大地江山。

【译文】

即使让所有人都作诗，也抒写不尽千秋万代风花雪月这样的景色；即使让所有人都画画，也描绘不完大地上大好河山这样的美景。

风会日靡，试具宋广平之石肠[①]；世道莫容，请收姜伯约之大胆[②]。

【注释】

① 宋广平之石肠：宋广平即宋璟，唐代开元年间的著名丞相，被封为广平王，擅长诗赋，著有文集。《唐诗纪事》曰："皮日休《桃花赋序》曰：'余尝慕宋广平之为相，贞姿劲质，刚态毅状，疑其铁肠石心，不能吐婉媚辞。'"

② 姜伯约之大胆：三国蜀汉名将姜维，其字伯约，史书记载其"死时见剖，胆如斗大"。

【译文】

社会风气日益颓靡，要试着学习宋璟那样的铁石心肠；无法与世道兼容，请收下姜维那样的非凡胆略。

藜床半穿，管宁真吾师乎；[①] 轩冕必顾，华歆询非友也。[②]

【注释】

① 藜床半穿，管宁真吾师乎：《高士传》曰："管宁自越海及归，常坐一木榻，积五十余年，未尝箕股，其榻上当膝处皆穿。"庾信《小园赋》曰："管宁藜床，虽穿而可坐。"

② 轩冕必顾，华歆询非友也：据《世说新语·德行》记载：管宁与华歆坐在同一张席子上读书，"有乘轩冕过门者，宁读如故，歆废书出看。宁割席分座曰：'子非吾友也。'"

【译文】

藜茎编的床榻已经被坐穿，管宁确实是我辈应该学习的好老师；高官贵爵经过门口必定放下书本前去观看，华歆确实不是值得交往的朋友。

车尘马足之下，露出丑形；深山穷谷之中，剩些真影。

【译文】

终日坐车骑马，烟尘滚滚，难免会露出丑陋的原形；在深山穷谷之中隐居生活,或许还能剩下一些真正的影像。

吐虹霓之气者,贵挟风霜之色;依日月之光者,毋怀雨露之私。

【译文】

携带虹霓气势的豪杰,他们身上的可贵之处是带有风霜沧桑之色;依靠日月的照射才能发出光芒的物体,一定不要整日怀有承接雨露的私心。

清襟凝远,卷秋江万顷之波;妙笔纵横,挽昆仑一峰之秀。

【译文】

清静的内心凝重深远,能让秋江卷起万顷的波浪;挥动生花的神妙之笔画画,能够得到昆仑一峰的秀丽景色。

闻鸡起舞①,刘琨②其壮士之雄心乎!闻筝起舞③,迦叶④其开士之素心乎!

【注释】

① 闻鸡起舞:《晋书·祖逖传》曰:“与司空刘琨俱为司州主簿,情好绸缪,共被同寝。中夜闻荒鸡鸣,蹴琨曰:‘此非恶声也。’因起舞。”

② 刘琨:字越石,晋代中山魏昌(今河北无极县)人,曾任大将军。晋室南渡,被任命为侍中太尉,长期镇守并州,后来兵败被杀。

③ 闻筝起舞:佛教传说,歌舞之神香山大树紧那罗擅长弹奏乐曲,迦叶聆听之后,不禁从座位站起来后翩翩起舞。

④ 迦叶:本名摩诃迦叶,释迦牟尼十大弟子之一,禅宗奉他为西土二十八祖之始祖。开士,菩萨的异名,以能自开觉,又可开他人生信心,故称。

【译文】

刘琨一听到鸡叫声就起来舞剑，他表现出来的是一个壮士的雄心；迦叶听到筝声就翩翩起舞，他表现出来的是一个菩萨的素心。

大丈夫居世，生当封侯，死当庙食，不然，闲居可以养志，诗书足以自娱。

【译文】

大丈夫活在人世间，就应当成就一番事业，活着的时候要封侯拜相，死后要立庙，受人奉祀，享受祭飨。不能做到这样的话，那就选择闲居以颐养高雅志趣，阅读诗书足以娱乐身心。

不恨我不见古人，惟恨古人不见我。①

【注释】

① 这一句《南史·张融传》作："不恨我不见古人，所恨古人又不见我。"

【译文】

不遗憾我没办法遇见古人，因为我可以通过阅读古籍了解古人；只遗憾古人没办法认识我，因为自己的思想不为古人知道。

荣枯得丧，天意安排，浮云过太虚也；用舍行藏①，吾心镇定，砥柱在中流乎！

【注释】

① 用舍行藏：《论语·述而》："用之则行，舍之则藏。"

【译文】

人世的盛衰与穷达，名利的得到与失去，这些都上天的安排，就像浮云飘过太虚幻境一般；入世与避世，出仕与退隐，这些丝毫没有影响我镇定自若的心境，内心犹如中流的砥柱，岿然不动。

曹曾[1]积石为仓以藏书，名曹氏石仓。

【注释】

① 曹曾：字伯山，东汉人。《拾遗记》记载他积书万卷，“及世乱，家家焚庐，曾虑其先文湮没，乃积石为仓以藏书，故谓曹氏石仓”。

【译文】

有个叫曹曾的人用石头堆砌成仓库，用以收藏书籍，起名为曹氏石仓。

丈夫须有远图，眼孔如轮，可怪处堂燕雀[1]；豪杰宁无壮志，风棱似铁，不忧当道豺狼。

【注释】

① 处堂燕雀：《孔丛子·论势》曰：“燕雀处屋，子母相哺，煦煦焉其相乐也，自以为安矣，灶突炎上，栋宇将焚，燕雀颜色不变，不知祸之将及己也。”

【译文】

大丈夫必须有深远的谋划，眼孔要像车轮一般滚动以洞察世事人情，应当对在屋檐下筑巢而不知灾难将至的燕雀感到奇怪；真豪杰岂能缺少雄心壮志，应该铁骨铮铮，刚正坚贞，不必担忧暴虐奸邪的人掌握国政。

大丈夫当雄飞，安能雌伏？

【译文】

男子汉大丈夫应当像雄鸟那样展翅飞翔，怎么能像雌鸟那样软弱地伏在树枝上！

青莲登华山落雁峰，曰："呼吸之气，想通帝座，恨不携谢朓惊人之诗来，搔首问青天耳。"①

【注释】

①这句话出自《搔首集》，见本卷前面注释。青莲：李白，号青莲居士。

【译文】

李白登上华山落雁峰，说道："呼吸出入之气，想必已经通向天帝的座位。遗憾的是没有携带谢朓惊人的优美诗句，摸着头询问青天了。"

志欲枭逆虏，枕戈待旦，常恐祖生先我着鞭。①

【注释】

①这句话出自《晋书·刘琨传》："琨少负志气，有纵横之才，善交胜己，而颇浮夸。与范阳祖逖为友，闻逖被用，与亲故书曰：'吾枕戈待旦，志枭逆虏，常恐祖生先吾着鞭。'"祖生：祖逖，范阳人，晋室渡过长江迁都南方，他带领部曲百余家渡江，"中流击楫而誓：'祖逖不能清中原而复济者，有如大江！'"后来担任豫州刺史，收复黄河以南地区。

【译文】

我立志要将叛逆之徒斩首示众，枕着兵器睡觉等待天亮，常常恐怕祖逖先我行动。

旨言不显，经济多托之工瞽刍荛；高踪不落，英雄常混之渔樵耕牧。

【译文】

意味深远的言论往往不浅显，能够经邦济世的人大多假托于乐官或割草打柴之人；高尚的行迹往往不落俗套，英雄豪杰常常在渔樵耕牧之中出没。

高言成啸虎之风，豪举破涌山之浪。

【译文】

高妙之言犹如虎啸那样威风，有魄力的举动可破拍山的大浪。

立言者，未必即成千古之业，吾取其有千古之心；好客者，未必即尽四海之交，吾取其有四海之愿。

【译文】

能够著书立说的人，不一定就能成就千秋大业，我看重的是著书立说可以留下千古不朽的思想；喜好接纳和款待客人的人，不一定能交遍五湖四海的朋友，我看重的是其交尽五湖四海朋友的心愿。

管城子①无食肉相，世人皮相何为？孔方兄②有绝交书，今日盟交安在？

【注释】

①管城子：毛笔的雅称。黄庭坚《戏呈孔毅父》曰：“管城子无食肉相，孔方兄有绝交书。”

②孔方兄：钱的雅称。

【译文】

毛笔没有享用肉的命相，世人的皮肉之相是为了什么？铜钱有断绝交谊的书信，当今的盟约交情又在哪里？

春到十千①美酒，为花洗妆；夜来一片名香，与月薰魄。

【注释】

①十千：言其多。曹植《名都篇》："我归宴平乐，美酒斗十千。"

【译文】

春天的时候，用许多美酒为鲜花梳洗打扮；夜深的时候，燃一片名贵的檀香为明月熏陶魂魄。

忍到熟处则忧患消，淡到真时则天地赘。

【译文】

坚持忍耐到恰当的时候，那么困苦患难自然就会消除；恬淡到纯真无邪的时候，连天地都会觉得是多余的。

醺醺熟读《离骚》，孝伯外敢曰并皆名士；[1]碌碌常承色笑，阿奴辈果然尽是佳儿。[2]

【注释】

①"醺醺"二句：《世说新语·任诞》曰："王孝伯言：'名士不必须奇才，但使常得无事，痛饮酒，熟读《离骚》，便可称名士。'"

②"碌碌"二句：《世说新语·识鉴》曰："周伯仁母冬至举酒赐三子曰：'吾本谓度江托足无所，尔家有相，尔等并罗列吾前，复何忧？'周嵩起，长跪而泣曰：'不如阿母言。伯仁为人志大而才短，名重而识暗，好乘人之弊，此非自全之道；嵩性狼抗，亦不容于世，唯阿奴碌碌，当在阿母目下耳。'"

【译文】

终日醉酒，熟读《离骚》，王孝伯这个人称得上是名士；终日忙碌奔走，常承欢笑，阿奴之辈确实都是好孩子。

剑雄万敌，笔扫千军。

【译文】

佩带一把剑，就敢在千军万马之前称雄；握紧一支笔写字作文，其势可横扫千军。

飞禽铩翮，犹爱惜乎羽毛；志士捐生，终不忘乎老骥。

【译文】

飞翔的禽鸟硬翅伤残了，尚且爱护珍惜自己的羽毛；有远大志向的人牺牲了自己的生命，始终不忘其年老的骏马。

敢于世上放开眼，不向人间浪皱眉。

【译文】

做人要敢于放眼观望这人世间，而不应该向人世间随便皱眉。

处世当于热地思冷，出世当于冷地求热。

【译文】

生活在人世间，应该在纷扰喧闹的名利场中寻求些许清静；超脱人世，隐居山林，应该在冷僻清静的环境中寻求些许热闹。

我辈腹中之气，亦不可少，要不必用耳；若蜜口，真妇人事哉！

【译文】

我辈胸中的豪迈之气，不能缺少，不到关键时刻不可运用罢了；如果花言巧语，确实是妇人之流才干的事。

办大事者，匪独以意气胜，盖亦其智略绝也。故负气雄行，力足以折公侯；出奇制算，事足以骇耳目。如此人者，俱千古矣。嗟嗟，今世徒虚语耳。

【译文】

能够建功立业的人，并不仅仅依靠志向与气概取胜，或许也由于他才智与谋略出众。所以，凭恃意气，不肯屈居人下，行为勇敢果断，力量足以折服高官贵爵；用奇兵奇计战胜敌人，所作所为骇人听闻。像这样的英雄之辈，都已经作古。唉！现在只能徒然地聊起他们的英雄事迹罢了。

说剑谈兵，今生恨少封侯骨；登高对酒，此日休吟烈士歌。

【译文】

闲聊舞剑之术，谈论用兵之道，这辈子遗憾的是没有封侯拜爵的骨相；登高望远，举杯饮酒，今日就不吟诵气势豪迈的豪杰之歌。

身许为知己死，一剑夷门①，到今侠骨香仍古；腰不为督邮折，五斗彭泽②，从古高风清至今。

【注释】

① 身许为知己死，一剑夷门：战国魏都大梁夷门小吏侯嬴为报答信陵君的知遇之恩，协助信陵君窃符救赵，军行前自刎而死。

② 五斗彭泽：彭泽县令陶渊明，不为五斗米向督邮折腰。

【译文】

君子应当为知己而死，侯嬴在夷门自刎而死，侠骨之香至今能够闻到；不肯为了五斗米的俸禄而向督邮折腰，彭泽县令陶渊明的高风亮节，从古至今一直流传。

剑击秋风，四壁如闻鬼啸；琴弹夜月，空山引动猿号。

【译文】

在萧瑟的秋风中持剑起舞，四壁的回响如同野鬼的呼啸声；在月光下弹琴，琴声回荡在空山之中引发猿猴哀啼。

壮志愤懑难消，高人情深一往。

【译文】

雄心壮志，难以消除胸中的抑郁烦闷；不同凡俗的人，一如既往具有深厚的感情。

先达笑弹冠，休向侯门轻曳裾；相知犹按剑，莫从世路暗投珠。

【译文】

有德行学问的前辈嘲笑那些弹着冠冕准备做官的人，千万不要在王侯权贵门下做客；互相知心的朋友还要按剑规劝，千万不要在世路上明珠暗投。

卷十一　法

自方袍幅巾[①]之态遍满天下，而超脱颖绝之士，遂以同污合流矫之，而世道已不古矣。夫迂腐者，既泥于法，而超脱者又越于法，然则士君子亦不偏不倚，期无所泥越则已矣，何必方袍幅巾，作此迂态耶？集法第十一。

【注释】

①方袍幅巾：方袍，本指僧人所穿的袈裟；幅巾，古代男子以整幅细绢裹头的头巾。宋明以来道学先生以戴幅巾为风雅。

【译文】

自从道学先生穿方袍戴幅巾的风气遍满天下之后，而那些超凡脱俗、颖悟绝人的士人于是就以同流合污来加以矫正，而世道人心不再淳朴厚道了。那些言行迂腐的人拘泥于旧准则、旧礼法，而超脱世俗束缚的人又逾越礼法，既然这样，那么真正的君子也以中庸之道处世，期望不拘泥礼法，不逾越礼法也就可以了，为何非得穿方袍戴幅巾，做出如此迂腐的丑态呢？于是编纂了第十一卷，命名为“法”。

世无乏才之世，以通天达地之精神，而辅之以拔十得五之法眼。

【译文】

从古至今，世上都不缺乏人才，只要凭借通彻天地的精神，再运用从十人中选拔五人的法眼，自然可以识别和引进各种人才。

一心可以交万友，二心不可以交一友。

【译文】

一个人做事一心一意的话，就可以和成千上万的人做朋友；一个人做事三心二意的话，恐怕想交一个朋友都难。

凡事，留不尽之意则机圆；凡物，留不尽之意则用裕；凡情，留不尽之意则味深；凡言，留不尽之意则致远；凡兴，留不尽之意则趣多；凡才，留不尽之意则神满。

【译文】

事情留有不尽的余地，自然会机巧圆满；物用留有不尽的余地，自然会充足宽裕；情感留有不尽的余地，自然会令人回味；言语留有不尽的余地，自然会言近旨远；兴致留有不尽的余地，自然会趣味十足；才智留有不尽的余地，自然会精神饱满。

有世法，有世缘，有世情。缘非情，则易断；情非法，则易流。

【译文】

世上有礼法、因缘、人情这三种东西。如果因缘不符合人情，就容易断绝；如果人情不符合礼法，就容易放纵。

世多理所难必之事，莫执宋人道学；世多情所难通之事，莫说晋人风流。

【译文】

人世间有很多遵循道理都难以办成的事情，所以不要拘泥于宋人理学；人世间有很多依随性情也难以施行的事情，所以不要模仿晋人的洒脱放逸。

与其以衣冠误国，不若以布衣关世；与其以林下而矜冠裳，不若以廊庙而标泉石。

【译文】

与其在朝廷当官而误国误民，不如做一名普通老百姓而关心世事；与其在山林中隐居而夸耀自己的高官贵爵，不如身处朝廷而怀隐居山林之志。

眼界愈大，心肠愈小；地位愈高，举止愈卑。

【译文】

眼界越来越开阔，心胸却越来越狭小；地位越来越高贵，举止却越来越卑下。

芳树不用买，韶光贫可支。

【译文】

芬芳的花草树木到处都是，不用购买都可随处欣赏；美好的风光，就算一贫如洗也可随时享受。

寡思虑以养神，剪欲色以养精，靖言语以养气。

【译文】

不去思索考虑以保养精神，远离性欲情爱以蓄养精力，沉默寡语以保养元气。

立身高一步方超达，处世退一步方安乐。

【译文】

为人立足要比他人高一步才能超脱旷达，为人处世要为他人退让一步才能安逸快乐。

士君子贫不能济物者，遇人痴迷处出一言提醒之，遇人急难处出一言解救之，亦是无量功德。

【译文】

作为有学问而品德高尚的人，虽然自己贫穷不能周济别人，但只要在别人沉迷不悟的时候提醒并指点他一下，在别人危急困难时给他一些建议，也算得上是功德无量的善行。

救既败之事者，如驭临崖之马，休轻策一鞭；图垂成之功者，如挽上滩之舟，莫少停一棹。

【译文】

挽救注定失败的事情，就像在悬崖边驾驭一匹烈马，切不可轻轻加上一鞭；谋划将要成功的事情，就像拉挽一只小船上滩靠岸，切不可稍微划上一桨。

是非邪正之交，少迁就则失从违之正；利害得失之会，太分明则起趋避之私。

【译文】

当面临是与非、邪与正交错冲突的时候，稍有迁就就会失去判定顺从还是违背的公允正确立场；当面临利与害、得与失交会抉择的时候，分辨太清楚就会产生趋利避害的私心杂念。

事系幽隐，要思回护他，着不得一点攻讦的念头；人属寒微，要思矜礼他，着不得一毫傲睨的气象。

【译文】

涉及隐私的事情，就要考虑如何回避它，丝毫不能怀有一点揭发攻击别人隐私的念头；他人出身贫贱，家世低微，就要考虑如何尊重礼待他，丝毫不能有傲慢藐视的神情。

毋以小嫌而疏至戚，勿以新怨而忘旧恩。

【译文】

不要因为小小的嫌隙而疏远至亲的亲人，也不要因为新的仇怨而忘记过去的恩人。

礼义廉耻，可以律己，不可以绳人。律己则寡过，绳人则寡合。

【译文】

礼义廉耻，可以用来要求自己，不可用来要求别人。用来要求自己，就能少犯过失；用来要求别人，就难以与他人和睦相处。

凡事韬晦，不独益己，抑且益人；凡事表暴，不独损人，抑且损己。

【译文】

无论遇到什么事情，隐藏才能，待时而发，不单单对自己有好处，而且对别人也有好处；遇事张狂表露，不单单给别人带来损害，而且也会损害自己。

觉人之诈，不形于言；受人之侮，不动于色；此中有无穷意味，亦有无穷受用。

【译文】

觉察到别人欺诈自己的时候,不要在言语中表现自己的不满;受到别人侮辱的时候,不表现出愤怒的情绪。这种处事方法中有无穷的意蕴,也含有一生受用不尽的奥妙。

爵位不宜太盛,太盛则危;能事不宜尽毕,尽毕则衰。

【译文】

官位不宜太高,太高就会使自己陷入危险之境;办事的本领不宜全部发挥出来,全部发挥出来就会衰落。

圣人之言,须常将来眼头过,口头转,心头运。

【译文】

对待圣人的名言警句,要做到经常拿来用眼熟看,用口熟读,用心熟虑。

与其巧持于末,不若拙戒于初。

【译文】

与其在事情即将结束时用机巧之心处理,不如在事情开始的时候就以愚拙的态度防备警戒。

君子有三惜:此生不学一可惜,此日闲过二可惜,此身一败三可惜。

【译文】

君子有三件值得可惜的事情:一是可惜这一辈子没有认真学习,二是可惜终日碌碌无为虚度光阴,三是可惜自己一败涂地。

昼观诸妻子,夜卜诸梦寐,两者无愧,始可言学。

【译文】

白天省察自己对妻子儿女的态度,晚上省察自己梦中的言行,如果这两者都无愧于心的话,就算得上修身学习。

士大夫三日不读书,则礼义不交,便觉面目可憎,语言无味。

【译文】

士大夫如果连续三天没有接触书本,没有按照礼义规范来待人接物,便觉得自己的容貌使人厌恶,也觉得说起话来没有趣味。

与其密面交,不若亲谅友;与其施新恩,不若还旧债。

【译文】

与其和表面相交的人亲密相处,不如和诚实正直的朋友亲近;与其将新的恩惠施与别人,不如将旧的债务还清。

士人当使王公闻名多而识面少,宁使王公讶其不来,毋使王公厌其不去。

【译文】

作为一名士大夫,应当使达官贵人经常听到他的名字而很少遇到他,宁可使达官贵人惊讶他没有前来,也不要使达官贵人讨厌他不肯离开。

见人有得意事,便当生忻喜心;见人有失意事,便当生怜悯心。皆自己真实受用处,忌成乐败,徒自坏心术耳。

【译文】

看见别人有称心满意事，便应当为他欣喜；看见别人有不遂心、不得志之事，便应当替他怜悯。这都是自己的真实受用之处，妒忌他人成功，高兴他人失败，对他人遭遇灾祸感到高兴，只是白白败坏了自己的思想品质。

恩重难酬，名高难称。

【译文】

他人对自己的恩惠太重，自己就难以报答；一个人的声名太高，就很难找到和他身份对等的人来招待他。

待客之礼当存古意，止一鸡一黍，酒数行，食饭而罢，以此为法。

【译文】

招待客人的礼节，应当沿用古人的风俗，只用一鸡一黍，依次斟饮几圈酒，吃饭后就结束宴席，以此作为固定的规范。

惟书不问贵贱贫富老少，观书一卷，则有一卷之益；观书一日，则有一日之益。

【译文】

只有读书这件事，不看重人们是富贵还是卑贱、是贫穷还是富有、是年老还是年少。只要读一卷书，就会有一卷书的收益；读一天书，就能得到一天的收益。

坦易其心胸，率真其笑语，疏野其礼教，简少其交游。

【译文】

修身养性，心胸要做到坦荡无私，笑语要直率真诚，礼教要淳朴自然，交游要简单稀少。

好丑不可太明，议论不可务尽，情势不可殚竭，好恶不可骤施。

【译文】

美丽与丑陋的划分标准不可以太过分明，议论的时候不可把话说绝，情况和趋势不可以竭尽无余，喜好与厌恶的情绪不可以突然表现出来。

不风之波，开眼之梦，皆能增进道心。

【译文】

没有微风吹拂的水波，白天眼睛睁开时所做的梦，都有助于增进人们的悟道之心。

开口讥消人，是轻薄第一件，不惟丧德，亦足丧身。

【译文】

一开口就讥笑讽刺他人，这是人世间最轻薄的事情，不仅会导致道德丧失，也会导致身丧家亡。

人之恩可念不可忘，人之仇可忘不可念。

【译文】

他人施与自己的恩惠，要时时刻刻感念而不可轻易忘却；对他人的仇怨，要及早忘却而不可积在内心。

不能受言者，不可轻与一言，此是善交法。

【译文】

对于不能聆听他人建议的人，不可以轻易与他交心交流，这是很好的相交之道。

君子于人，当于有过中求无过，不当于无过中求有过。

【译文】

君子与他人相处，应该要在他人的过错之中寻找他没有过错的地方，而不应该在他人不犯错误的时候刻意挑对方的毛病。

我能容人，人在我范围，报之在我，不报在我；人若容我，我在人范围，不报不知，报之不知。自重者然后人重，人轻者由我自轻。

【译文】

我如果能够容纳别人，那么别人就在我的控制之中，报答要看我，不报答也要看我；如果是别人容纳了我，那么我就受他人控制，不报答别人不知道，报答了别人也不知道。由此可知，尊重自己的人大家自然会尊重他，而人们看不起的人往往都是自己看不起自己造成的。

高明性多疏脱，须学精严；狷介常苦迂拘，当思圆转。

【译文】

聪明智慧的人大多性情疏阔洒脱，这样的人应该学会精细严谨；孤高洁身的人常常苦于迂腐执着、不知变通，这样的人应当学会灵活变通。

入心处咫尺玄门[①]，得意时千古快事。

【注释】

①入心处咫尺玄门:《世说新语·言语》曰:“刘尹与桓宣武共听讲《礼记》,桓云:‘时有入心处,便觉咫尺玄门。’”

【译文】

内心领悟的时候,那么高深的境界就如在眼前;内心领会的时候,此时就拥有千古未有的快乐心境。

《水浒传》何所不有,却无破老一事,非关缺陷,恰是酒肉汉本色如此,益知作者之妙。

【译文】

《水浒传》一书的内容无所不有,却没有批判佛老学说的地方,这并非本书的缺陷,恰恰是酒肉好汉的本色应该如此,因此更加领会作者用心的奥妙。

世间会讨便宜人,必是吃过亏者。

【译文】

世上擅长占便宜的人,一定是曾经吃过亏的人。

书是同人,每读一篇,自觉寝食有味;佛为老友,但窥半偈,转思前境真空。

【译文】

书是志同道合的朋友,每读一篇文章,便觉得吃饭睡觉都滋味十足;佛是相交多年的朋友,只看半句偈颂,便会让人感悟到眼前的一切都是空幻的。

衣垢不湔,器缺不补,对人犹有惭色;行垢不湔,德缺不补,对天岂无愧心？

【译文】

不洗涤脏衣服，不修补残缺的器物，被人看见的时候还会有羞愧的脸色；不改正受污的言行，不弥补残缺的道德，仰头望天难道就没有惭愧之心？

天地俱不醒，落得昏沉醉梦；洪濛率是客，枉寻寥廓主人。

【译文】

苍天和大地混沌不醒，犹如处在一个昏乱沉醉的大梦中；宇宙之间来来往往的万事万物都是客人，有人却徒然地想寻找宇宙的主人。

老成人必典必则，半步可规；气闷人不吐不茹，一时难对。

【译文】

稳重规矩的人做什么事都必须严守典则，就算走半步也要合乎规矩；心情烦闷的人不吞不吐，含混不清，一时难以应对。

重友者，交时极难，看得难，以故转重；轻友者，交时极易，看得易，以故转轻。

【译文】

看重友谊的人，他和人结交的时候特别困难，因为他把结交朋友看得特别难，因此会更看重友谊；不重视友谊的人，他和人结交的时候特别容易，因为他把结交朋友看得特别容易，因此不重视友谊。

近以静事而约己，远以惜福而延生。

【译文】

只想当前，就要通过清静无为来约束自己；考虑未来，就要通过珍惜福泽来延长寿命。

辩不如讷，语不如默，动不如静，忙不如闲。

【译文】

善于辩论比不上质朴木讷，能言善道比不上沉默寡语，乐于行动比不上安于清静，繁忙慌乱比不上清静悠闲。

以无累之神，合有道之器①，宫商②暂离，不可得已。

【注释】

①有道之器：《周易·系辞上》曰："是故形而上者谓之道，形而下者谓之器。"

②宫商：我国古代五声音阶中的五个音级，即宫、商、角、征、羽，合称为五音或五声。

【译文】

将毫不劳累、悠闲放松的精神，与蕴含大道的乐器相结合，即使发出的音阶不准，也不可停止。

精神清旺，随境都有会心；志气昏愚，到处俱成梦幻。

【译文】

人的心神如果清朗旺盛，无论处于什么环境都能有会于心；人的意志和神气如果昏沉愚钝，无论处于什么环境都仿佛在梦中。

酒能乱性，佛家戒之；酒能养气，仙家饮之。余于无酒时学佛，有酒时学仙。

【译文】

酒能迷乱心性，所以佛弟子严戒酗酒；酒能保养气血，所以神仙喜欢饮酒。我在没有酒可饮的时候就学佛，在美酒当前的时候就学仙。

烈士不馁，正气以饱其腹；清士不寒，青史以暖其躬；义士不死，天君[①]以生其骸。总之手悬胸中之日月，以任世上之风波。

【注释】

① 天君：指心。《荀子·天论》曰：“心居中虚，以治五官，夫是之谓天君。”

【译文】

有节气有壮志的人不会挨饿，因为浩然正气充当粮食填饱肚子；生活清寒贫苦的不会感到寒冷，因为经史子集这些书籍温暖其身躯；侠义之士不会死去，天道人心使得他的骸骨永垂不朽。总之，用双手悬起胸中白日明月，勇敢地面对世上风恶波险的考验。

孟郊[①]有句云：“青山碾为尘，白日无闲人。”于邺[②]云：“白日若不落，红尘应更深。”又云：“如逢幽隐处，似遇独醒人。”王维[③]云：“行到水穷处，坐看云起时。”又云：“明月松间照，清泉石上流。”皎然[④]云：“少时不见山，便觉无奇趣。”每一吟讽，逸思翩翩。

【注释】

① 孟郊：唐代诗人，字东野，湖州武康（今浙江省德清）人，与韩愈并称“韩孟”。

② 于邺：字武陵，擅长作诗，尤其精通律诗。

③ 王维：字摩诘，河东蒲（今山西永济）人，世称王右丞，著名诗人、画家。

④ 皎然：著名诗僧，字清昼，本姓谢，湖州人。

【译文】

孟郊写过这样的诗句："青山碾为尘，白日无闲人。"于邺写过这样的诗句："白日若不落，红尘应更深。"又说过："如逢幽隐处，似遇独醒人。"王维写过这样的诗句："行到水穷处，坐看云起时。"又说过："明月松间照，清泉石上流。"皎然写过这样的诗句："少时不见山，便觉无奇趣。"每次吟诵这些优美的诗句，都让人思想超逸，思绪飞扬。

卷十二　倩

倩[1]不可多得，美人有其韵，名花有其致，青山绿水有其丰标。外则山臞[2]韵士，当情景相会之时，偶出一语，亦莫不尽其韵，极其致，领略其丰标，可以启名花之笑，可以佐美人之歌，可以发山水之清音，而又何可多得！集倩第十二。

【注释】

① 倩：笑靥美好的样子，此处引申为妩媚、美妙。

② 山臞：用来形容隐居在山林的人萧疏清癯的样子。

【译文】

美妙的东西是不可轻易得到的，美人有她独特的风韵，名花有它独特的情致，青山绿水也有它独特的仪态。除此之外，生活在山林的萧疏清癯隐士，每当他们的情感与眼前的景色交融之时，偶然说出一句名言，就把其中的风韵、情致和仪态全部表达抒发出来，使得名花怒放如笑，引来美人轻歌曼舞，也使得山水发出清越的声音，这样的事情真的很难得！于是编纂了第十二卷，命名为"倩"。

会心处，自有濠濮间想，无可亲人鱼鸟；[1]偃卧时，便是羲皇上人，何必夏月凉风。[2]

【注释】

① "会心处"句：《世说新语·言语》曰："会心处不必在远，翳然林水，便自有濠濮间想，觉鸟兽禽鱼，自来亲人。"

② "偃卧时"句：陶渊明《与子俨等疏》曰："常言五六月中，北窗下卧，

遇凉风暂至，自谓羲皇上人。”

【译文】

心领神会的时候，自然会生发闲适无为、逍遥脱俗的情趣，此时可以没有亲近人的鸟兽禽鱼相伴；仰卧休养的时候，便是上古时代无忧无虑、生活闲适的人，为什么一定要在夏夜的月光下吹着凉风呢？

一轩明月，花影参差，席地偏宜小酌；十里青山，鸟声断续，寻春几度长吟。

【译文】

一轮皎洁的明月悬挂在夜空中，院子里投下了一地参差的花影，坐在地上，此时此景最适宜望着明月饮着美酒；十里青山郁郁葱葱，各种各样的鸟欢乐地鸣唱，不时传来悦耳的鸣叫声，此时此景最适宜踏青寻春，一路长吟不绝。

入山采药，临水捕鱼，绿树阴中鸟道；扫石弹琴，卷帘看鹤，白云深处人家。

【译文】

到深山之中采药，来到江水边捕鱼，绿树掩映的山路蜿蜒曲折像鸟道一样狭窄；打扫岩石，坐在上面弹琴，卷起帘子观看白鹤飞舞，白云深处的人家生活是多么幽雅闲适。

沙村竹色，明月如霜，携幽人杖藜散步；石屋松阴，白云似雪，对孤鹤扫榻高眠。

【译文】

沙滩边的村落被苍翠竹子环绕，明光像霜一般皎洁，拄着藜杖和隐士一起散步；石头砌成的房子，四周种满苍翠的松树，天空的浮云如雪一般洁白，面对着一只孤鹤，清扫床榻，高枕安眠。

焚香看书，人事都尽。隔帘花落，松稍月上。钟声忽度，推窗仰视，河汉流云，大胜昼时。非有洗心涤虑，得意爻象之表者[①]，不可独契此语。

【注释】

① 得意爻象之表者：能够通过观察天地形象而得知大道的人。意、爻、象为《周易》中的一组专用语。意指本义，《周易·系辞》曰："书不尽言，言不尽意。"爻为《周易》中组成卦的符号，分为阳爻和阴爻。象为卦象和卦位，卦所象征的事物及其爻位等关系。《周易·系辞》曰："在天成象，在地成形，变化见矣。"

【译文】

焚着檀香、阅读书籍，人间之事尽在书本之中。透过珠帘观看风过花落，仰望松梢欣赏明月初升。这时远处忽然传来钟声，推开窗户仰望夜空，只见白云在河汉之间飘动，这番幽趣远远胜过白天。如果不是内心宁静、能够通过观察天地形象而得知大道的隐士，一定无法领悟其中的韵味。

纸窗竹屋，夏葛冬裘，饭后黑甜，日中白醉，足矣。

【译文】

居住在用纸糊窗、竹子环绕的房屋之中，炎热的夏天穿上葛衣，寒冷的冬天穿上皮袄，吃饱饭之后倒头大睡，中午时分，举杯醉酒，这样的人生令人内心满足。

洛阳每遇梨花时，人多携酒树下，曰：为梨花洗妆。

【译文】

每到梨花盛开的时候，洛阳城中的人们大多带着美酒来到树下，说是要为梨花洗妆打扮。

绿染林皋，红销溪水，几声好鸟斜阳外，一簇春风小院中。

【译文】

春天时，浓郁的绿色把山林及水边高地都染遍了，落花也将山间的溪水染红了，远处不时传来几声鸟叫声，山居小院之中回荡着阵阵春风。

有客到柴门，清尊开江上之月；无人剪蒿径，孤榻对雨中之山。

【译文】

有客人到寒舍拜访，将清酒倒进酒樽之时，江上升起一轮皎洁的明月；山中小路很久没有去除草变得荒芜，一个人躺在床榻上，对着窗外雨中的山峰沉思。

恨留山鸟，啼百卉之春红；愁寄陇云，锁四天之暮碧。

【译文】

山中飞鸟的心头上积聚着怨恨，鸟儿一悲啼，各种各样的花在春天鲜艳地盛开；陇上的行云被寄托着忧愁，行云紧紧地锁住了天空中的苍茫暮色。

涧口有泉常饮鹤，山头无地不栽花。

【译文】

仙鹤经常来到涧口边的一泓清泉饮水，山头到处种满了各种各样的奇花异卉。

双杵茶烟，具载陆君之灶[①]；半床松月，且窥扬子之书[②]。

【注释】

① 陆君之灶：茶圣陆羽所创造的茶具二十四器。

② 扬子之书：西汉文学家扬雄所写的书，代表作有《太玄》、《法言》。

【译文】

茶烟笼罩着一对杵臼，茶圣陆羽所创造的茶具二十四器放置在案上；松间明月照入屋中，躺在床上看扬雄所写的玄妙之书。

寻雪后之梅，几忙骚客；访霜前之菊，颇惬幽人。

【译文】

在大雪之后前往探访梅花，几乎把文人墨客忙坏了；在霜降之前去欣赏菊花，非常契合隐士的心意。

帐中苏合，全消雀尾之炉；槛外游丝，半织龙须之席。

【译文】

缭绕在帷帐中的苏合香气，在雀尾状的香炉之中焚烧殆尽；门槛外飘动游丝，大多数已经编织成龙须般的罗网。

瘦竹如幽人，幽花如处女。

【译文】

瘦削的竹子犹如一位隐士，清幽的花朵犹如一位娴静的处女。

晨起推窗，红雨乱飞，闲花笑也；绿树有声，闲鸟啼也；烟岚灭没，闲云度也；藻荇可数，闲池静也；风细帘青，林空月印，闲庭峭也。山扉昼扃，而剥啄每多闲侣；帖括因人，而几案每多闲编。绣佛长斋，禅心释谛，而念多闲想，语多闲词，闲中滋味，洵足乐也。

【译文】

早晨起床后，推开窗户，红花点点如雨乱飞，原来是悠闲的百花在风中微笑；碧绿的树丛不时传来声音，原来是悠闲鸟儿的鸣叫声；山峰在烟雾的笼罩下消失湮没，原来是悠闲的云彩在来回飘荡；漂荡在水中的水草荇菜寥寥无几，原来是池水闲静无波的缘故；微风吹拂着青青的竹帘，月光悬挂在山林上空，原来庭院如此悠闲而峭丽。山门白天就关闭着，前来拜访的大多数是悠闲的朋友；科举考试的八股文因人而异，而案头上经常放着一些供人消遣的书。在书斋中绣着佛像，禅心幽静，无忧无虑，而念头一动多是些悠闲的想法，说起话来都是些悠闲的词句，这悠闲生活中的滋味，确实足以令人快乐。

鄙吝一消，白云亦可赠客；渣滓尽化，明月亦来照人。

【译文】

内心一旦消除庸俗、鄙陋的念头，都可以摘取白云来赠送客人；内心完全化解了杂念芥蒂，皎洁的明月自然照人而来。

水流云在，想子美[①]千载高标；月到风来，忆尧夫[②]一时雅致。

【注释】

① 子美：杜甫，其字子美，后誉为诗圣。

② 尧夫：北宋理学家邵雍，其字尧夫，代表作有《皇极经世书》、《伊川击壤集》。

【译文】

溪水流动，白云飘浮，让人不禁想起诗圣杜甫所树立的千古表率；明月皎洁，清风徐徐，让人不禁追忆邵雍先生一时的雅致。

红蓼滩头，青林古岸，西风扑面，风雪打头。披蓑顶笠，执竿烟水，俨在米芾《寒江独钓图》中。

【译文】

滩头生长着淡红色的蓼花，古岸边生长着青翠的树木，西风寒冽地扑面而来，风雪交加地敲打着头顶。在这个时候，披起蓑衣，戴上斗笠，在烟波渺茫的寒江之中手里拿着鱼竿垂钓，此情此景简直与宋代画家米芾的《寒江独钓图》一模一样。

冯惟一[①]以杯酒自娱，酒酣即弹琵琶，弹罢赋诗，诗成起舞，时人爱其俊逸。

【注释】

① 冯惟一：冯吉，其字惟一，是五代时仕晋朝、周朝的官员，担任过太常少卿，擅长作文、草隶与琵琶，当时的人称他的琵琶、诗、舞为三绝。

【译文】

冯吉喜欢通过饮酒自我娱乐，醉酒的时候就弹起琵琶，琵琶弹完了就开始赋诗，作完诗他就翩翩起舞，当时的人都非常欣赏他这种英俊洒脱、超群拔俗的风度。

风下松而合曲，泉萦石而生文。

【译文】

山风从高大的松树上吹下的时候，发出有音律感的松涛声；清泉流经山石的时候，呈现出水石闪映的粼粼波纹。

秋风解缆，极目芦苇，白露横江，情景凄绝。孤雁惊飞，秋色远近，泊舟卧听，沽酒呼卢[①]，一切尘事，都付秋水芦花。

【注释】

① 呼卢：古代的一种赌博游戏，用木头制成黑白子，五子全黑被称为卢，呼卢即掷子时，高声喊叫，希望得全黑。

【译文】

秋风吹拂的时候，解开拴船的缆绳，放眼远眺，只见芦苇成片连着天际，白露洒落在江面上，这一幕极其凄凉。孤零的大雁受惊之后，拍翅飞去，远近呈现出一派深秋肃杀的景色，把小舟停靠在岸边，卧在舟中倾听江涛，和客人沽酒对饮，玩起呼卢这种赌博游戏，将人世间一切尘俗之事都抛之脑后，付之流水，随着芦花飘荡而去。

设禅榻二，一自适，一待朋。朋若未至，则悬之。敢曰陈蕃之榻，悬待孺子[①]，长史之榻，专设休源[②]。亦惟禅榻之侧，不容着俗人膝耳。诗魔酒颠，赖此榻祛醒。

【注释】

① 陈蕃之榻，悬待孺子：《后汉书·徐稚传》曰："（陈）蕃在郡，不接宾客，惟稚（字孺子）来，特设一榻，去则悬之。"

② 长史之榻，专设休源：南朝的孔休源，曾担任晋安王长史，晋安王在斋中特别准备一张床榻，说"此是孔长史坐"。

【译文】

斋中放置两张禅榻，一张专归自己使用，一张用来招待朋友。如果朋友没有来，就把它悬挂起来。可以说：陈蕃的床榻是专门为徐稚准备的；长史的床榻是专门为孔休源准备的。而我这禅榻的旁边，是不允许凡夫俗子坐卧的。那些诗魔、酒颠靠着这张禅榻祛魔醒酒。

留连野水之烟，淡荡寒山之月。

【译文】

烟雾滞积在野外流水之上，柔和而皎洁的月光笼罩在冷落寂静的山上。

春夏之交，散行麦野；秋冬之际，微醉稻场。欣看麦浪之翻银，积翠直侵衣带；快睹稻香之覆地，新醅欲溢尊罍。每来得趣于庄村，宁去置身于草野。

【译文】

春夏之交的时候，在麦田上漫步；秋冬之交的时候，在打谷场饮酒微醉。欣喜地看到微风吹拂着麦田，掀起层层麦浪，麦穗积聚的青翠之气直侵衣带；高兴地看到充满着稻穗香气的谷场，新酿的酒香气溢满酒杯。每次来到乡村都能得到无穷的乐趣，宁愿抛开城市的喧嚣置身于草莽山野。

羁客在云村，蕉雨点点，如奏笙竽，声极可爱；山人读《易》《礼》，斗后[①]骑鹤以至，不减闻《韶》[②]也。

【注释】

① 斗后：犹言方外。

②《韶》：传说舜所作乐曲。

【译文】

旅客居住在云雾缭绕的山村中，听见雨水有节奏地敲打着芭蕉叶，犹如吹奏笙竽一样，声音非常动听可爱；隐居在山中的士人读完了《易经》和《礼记》，从方外骑着仙鹤飘然到来，这种境界与聆听《韶》乐一样。

阴茂树，濯寒泉，溯冷风，宁不爽然洒然？

【译文】

在茂树下乘凉，在寒泉中洗浴，逆着寒冷之风前行，这难道不令人感到清爽潇洒吗？

茅屋竹窗，一榻清风邀客；茶炉药灶，半帘明月窥人。

【译文】

在茅草小屋之中，坐在竹质小窗之前，清风习习吹拂着床榻，仿佛邀请客人进来清谈；屋中陈放着用来烹茶的炉子和炼丹的灶，皎洁的明月照射着窗帘，仿佛要进入屋中偷看里面的人儿。

娟娟花露，晓湿芒鞋；瑟瑟松风，凉生枕簟。

【译文】

晶莹剔透的花间露珠，在清晨的时候，将悬挂的草鞋打湿了；寒凉的松间微风，其凉爽的气息将石枕竹席浸透了。

绿叶斜披，桃叶渡[1]头，一片弄残秋月；青帘高挂，杏花村[2]里，几回典却春衣。

【注释】

① 桃叶渡：古渡口名，在今南京市秦淮河畔，相传东晋时王献之曾在此处作歌送给他的爱妾桃叶。

② 杏花村：杜牧《清明》曰："借问酒家何处有，牧童遥指杏花村。"后代指沽酒处。

【译文】

绿色的叶子斜披在树梢上，桃叶渡口一片残缺的秋月悬挂在夜空之中；青色的珠帘高高挂在门楣上，杏花村里有多少次典当了春日的衣衫。

杨花飞入珠帘，帨巾洗砚；诗草吟成锦字，烧竹煎茶。良友相聚，或解衣盘礴[①]，或分韵角险，顷之貌出青山，吟成丽句，从旁品题之，大是开心事。

【注释】

① 盘礴：伸开两腿坐着，形容不拘形迹。

【译文】

飞扬的扬花飞入珠帘，用头巾来擦洗砚台；囊中的锦字吟成了优美诗篇，燃起竹子煮水来烹茶待客。好朋友聚在一起，有的解衣伸开两腿而坐，随意地作画，有的每人分得一韵脚，比赛写诗，过了不久他们就描画出了青山碧水，吟出了好的诗句，然后又在一旁欣赏题款，这样的雅事确实让人开心。

木枕傲，石枕冷，瓦枕粗，竹枕鸣，以藤为骨，以漆为肤，其背圆而滑，其额方而通，此蒙庄[①]之蝶庵，华阳[②]之睡几。

【注释】

① 蒙庄：蒙人庄周。

② 华阳：南朝陶弘景，隐居于句容句曲山，自号华阳隐居。

【译文】

用木头做的枕头会让人感到孤傲，要石头做的枕头会让人感到清凉，用陶器做的枕头会让人感到粗糙，用竹子做的枕头会让人感到耳鸣，而以藤萝作为骨架，将漆涂在外表，背面圆而光滑，两端方正而且透风，这样的枕头简直就是蒙人庄周梦蝶的好去处，也是华阳隐士陶弘景卧睡的床榻。

小桥月上，仰盼星光，浮云往来，掩映于牛渚[1]之间，别是一种晚眺。

【注释】

① 牛渚：山名，在今安徽当涂，其山脚突入长江部分为采石矶。

【译文】

小桥之上新月初升，抬头仰望满天星光灿烂，浮云在夜空中飘来荡去，掩映于牛渚山和长江之间，别是一番夜间登高远望的美景。

医俗病莫如书，赠酒狂莫如月。

【译文】

读书是医治庸俗毛病的最好办法；月亮是赠给酒徒的最好礼物。

明窗净几，好香苦茗，有时与高衲谭禅；豆棚菜圃，暖日和风，无事听友人说鬼。

【译文】

窗户明亮，案几干净，檀香上品，茶水微苦，有空的话就与高僧谈禅论道；豆棚清凉，菜园青翠，阳光温暖，清风徐徐，无事的时候就与朋友谈神说鬼。

花事乍开乍落，月色乍明乍晴，兴未阑，踌躇搔首[①]；诗篇半拙半工，酒态半醒半醉，身方健，潦倒放怀。

【注释】

① 踌躇搔首：踌躇，坐立不安的样子。搔首，抓头挠发。

【译文】

花儿时开时落，月亮骤阴骤晴，余兴还没有完，令人抓头挠发；诗篇有的优雅有的拙劣，似醉又似醒，身体还扛得住，于是潦倒开怀大饮。

村花路柳，游子衣上之尘；山雾江云，行李担头之色。

【译文】

鲜花开满了山村，柳絮在路边飘舞，鲜花和柳絮犹如游子衣服上的风尘；雾霭笼罩着青山，云彩覆盖着大江，雾霭和云彩犹如游子担头的行李。

何处得真情，买笑不如买愁；谁人效死力，使功不如使过。

【译文】

哪里才能寻找到真实的感情，与其买欢笑还不如买忧愁；什么样的人才能够以死报效，与其重用有功劳的人还不如重用犯过错误的人。

芒鞋甫挂，忽想翠微之色，两足复绕山云；兰棹方停，忽闻新涨之波，一叶仍飘烟水。

【译文】

刚刚将草鞋挂起来打算不出游了，脑海中又忆起苍翠的山色，于是重新穿上草鞋，再次到白云缭绕的山间游玩；才把小船停靠好，远处又传来新涨的波涛声，于是整理好小舟又重新在烟水之中漂荡。

旨愈浓而情愈淡者，霜林之红树；臭愈近而神愈远者，秋水之白蘋。

【译文】

美味越浓厚，情趣就越加寡淡，就像经过霜露侵染过的红色树木一样；气味越近，神韵就越加悠远，就像在秋天水面上漂荡的白色蘋花。

龙女濯冰绡，一带水痕寒不耐；姮娥携宝药，半囊月魄影犹香。

【译文】

龙女在河边洗濯洁白的丝绢，水面泛起的波痕使人禁受不起这份清寒；嫦娥随身带着吃了能升天的仙药，月光的影子还带着嫦娥身上的香气。

山馆秋深，野鹤唳残清夜月；江园春暮，杜鹃啼断落花风。

【译文】

深秋时候，住在山间馆舍之中，只听见野鹤悲惨地哀鸣，将清夜的月光都给啼残了；春日黄昏的时候，在江滨的园林散步，只听见杜鹃声声哀啼，将吹落百花的清风给叫断了。

石洞寻真，绿玉嵌乌藤之杖；苔矶垂钓，红翎间白鹭之蓑。

【译文】

到石洞中寻求仙道，点点晶莹剔透的水珠挂在乌藤手杖之上；坐在长满青苔的江边岩石上垂钓，头上长着红翎的小鸟和白色的鹭鸶相间落在渔翁的蓑衣之上。

晚村人语，远归白社[①]之烟；晓市花声，惊破红楼之梦。

【注释】

① 白社：地名，在今河南偃师，其地有丛祠。《抱朴子·杂应》："洛阳有道士董威辇常止白社中，了不食，陈子叙共守事之，从学道。"

【译文】

黄昏时的山村，有人坐在村口相对而语，踏着白社的烟尘回来；清晨的市集，不时传来卖花之声，把红楼美人的绮情之梦给惊破了。

案头峰石，四壁冷浸烟云，何与胸中丘壑；枕边溪涧，半榻寒生瀑布，争如舌底鸣泉。

【译文】

案头上摆放着山峰奇石这些盆景，屋子的四壁十分清冷，被烟霭云气浸染着，眼前这些美景哪里比得上装在胸中的山水丘壑；就算枕边可以听见山涧溪流之声，卧在床榻上可以仰望生寒的瀑布，眼前这些东西哪里比得上舌底叮咚的津泉之声。

扁舟空载，赢却关津不税愁；孤杖深穿，揽得烟云闲入梦。

【译文】

空着小舟没有载物，经过关卡渡口的时候，就可以不为纳税忧愁；一个人拄着竹杖到深山幽谷之中，探求烟云缭绕之景，犹如清闲之人进入梦中。

幽堂昼密，清风忽来好伴；虚窗夜朗，明月不减故人。

【译文】

幽静的厅堂白天的时候就紧闭门户，忽然有一阵清风吹进来，犹如想与我做伴；推开虚掩的门窗，仰望清朗的夜空，一轮明月像老朋友一样亲切，映照着我。

晓入梁王之苑[①]，雪满群山；夜登庾亮之楼[②]，月明千里。

【注释】

① 梁王之苑：梁苑，在现在河南省开封市东南，汉代梁孝王游赏驰猎与宴请宾客之所。

② 庾亮之楼：庾公楼，在现在湖北省武昌，登庾公楼赏月之事，可见前面所引《世说新语·容止》。

【译文】

清晨来到梁王所建的园苑之中，只见群山落满瑞雪；夜晚登上庾亮所建的高楼之上，只见明月映照千里之远。

管辂[①]请饮后言，名为酒胆；休文[②]以吟致瘦，要是诗魔。

【注释】

① 管辂：三国魏平原人，其字公明，精通《周易》，擅长占卜。琅玡太守单子春邀请他参加宴会，他看见座中有长于辩论的人，就说："府君名士，加有雄贵之姿，辂既年少，胆未坚刚，若欲相观，惧失精神，请先饮三升清酒，然后言之。"

② 休文：南朝宋沈约，其字休文，武康人，擅长写诗作文，提倡四声八病之说。曾经在写给好友徐勉的书信中形容自己的病态："上热下冷，月增日笃……百日数旬，革带常应移孔；以手握臂，率计月小半分。以此推

算，岂能支久？”

【译文】

管辂说自己饮酒之后才敢说话，这可称为酒胆；沈约苦于吟诗而导致身体消瘦，这可称为诗魔。

因花索句，胜他牍奏三千；为鹤谋粮，赢我田耕二顷。

【译文】

对着鲜花搜肠刮肚地吟出诗句，要比处理文案上的三千书牍轻松得多；为养育仙鹤而筹备粮食，要比辛勤地耕种两顷土地惬意得多。

至奇无惊，至美无艳。

【译文】

奇异的最高境界就是并没有什么惊人之处；美丽的最高境界就是并没有什么艳丽之态。

瓶中插花，盆中养石，虽是寻常供具，实关幽人性情。若非得趣个中，布置何能生致？

【译文】

在瓶中插鲜花，在盆中养怪石，这些东西虽然都是很普通的器具，其实却关系到隐士性情的培养和熏陶。如果不是领悟其中的情趣，怎么能将花瓶和花盆布置得高雅有趣呢？

舌头无骨，得言语之总持；眼里有筋，具游戏之三昧。

【译文】

舌头柔软无骨，却控制着一言一语；眼睛里面有血有筋，却可以看破如游戏一般的人生真谛。

湖海上浮家泛宅①，烟霞五色足资粮；乾坤内狂客逸人，花鸟四时供啸咏。

【注释】

① 浮家泛宅：《新唐书·张志和传》曰："颜真卿为湖州刺史，志和来谒，真卿以舟敝漏，请更之。志和曰：'愿为浮家泛宅，往来苕霅间。'"

【译文】

泛着小舟，以五湖四海为家的超逸之士，五彩烟霞足以当作食粮，用来充饥；天地间放荡不羁的隐逸之人，四季的花香鸟语足以作为他们高歌低吟的题材。

养花瓶，亦须精良，譬如玉环飞燕①，不可置之茅茨；嵇阮贺李②，不可请之店中。

【注释】

① 玉环飞燕：杨玉环和赵飞燕。

② 嵇阮贺李：魏晋名士嵇康、阮籍和唐代诗人贺知章、李白的合称，四人都以嗜酒如命、放荡不羁著称。

【译文】

花要养在精良的瓶子中，就像不能让美丽的杨贵妃与赵飞燕处于茅屋之中一样；不可邀请放荡不羁的嵇康、阮籍、贺知章、李白到店中拘礼品饮一样。

才有力以胜蝶，本无心而引鹦。半叶舒而岩暗，一花散而峰明。

【译文】

身体虚弱，力气只足够去扑打飞舞的蝴蝶，本来没有心思去引逗八哥；山岩因为叶子舒展开来而变得暗淡，峰峦因为落花飘散而显得明亮。

玉槛连彩，粉壁迷明，动鲍照①之诗兴，销王粲②之忧情。

【注释】

① 鲍照：南朝宋东海人，其字明远，擅长诗文，文辞风格赡逸遒丽。

② 王粲：三国魏山阳高平人，其字仲宣，建安七子之一。其作品《登楼赋》是抒写忧怀的名篇。

【译文】

用玉石砌成的栏杆异彩纷呈，白色的墙壁迷离晶莹，这样的情景足以牵动鲍照的诗兴，化解王粲的忧愁之情。

急不急之辨，不如养默；处不切之事，不如养静；助不直之举，不如养正；恣不禁之费，不如养福；好不情之察，不如养度；走不实之名，不如养晦；近不祥之人，不如养愚。

【译文】

急于为不关紧要的事情辩论，还不如修养沉默之心；去做不切实际的事情，还不如修养清静之心；去帮助不正当的行为，还不如修养正直之气；为不必要的事情挥霍无度，还不如为自己修养福气；喜好不符合情义的苛察，还不如修养自己的度量；传布与实际不符的声誉，还不如隐藏才能；和不吉祥的人打交道，还不如修养成大智若愚。

诚实以启人之信我,乐易以使人之亲我,虚己以听人之教我,恭己以取人之敬我,奋发以破人之量我,洞彻以备人之疑我,尽心以报人之托我,坚持以杜人之鄙我。

【译文】

诚信待人能够让别人信任自己;平易近人能够让别人亲近自己;谦虚谨慎能够让别人教诲自己;恭敬待人能够让别人尊重自己;奋发进取能够让别人打破对自己的估量;洞察世事能够防备别人对自己的猜疑;尽心而为能够完成别人对自己的托付;坚持正道能够杜绝别人对自己的鄙视。